U0395661

大家都说苏州很美，而且说了很久很久。今天，当我们编辑了《古城遗珠——苏州控保建筑探幽》后，我们才更深感自豪地说：“苏州美的内涵就是那些散落在大街小巷的控保老宅和文保建筑，它们像历史尘埃中出土的明珠一样，一直在古城熠熠生辉。”

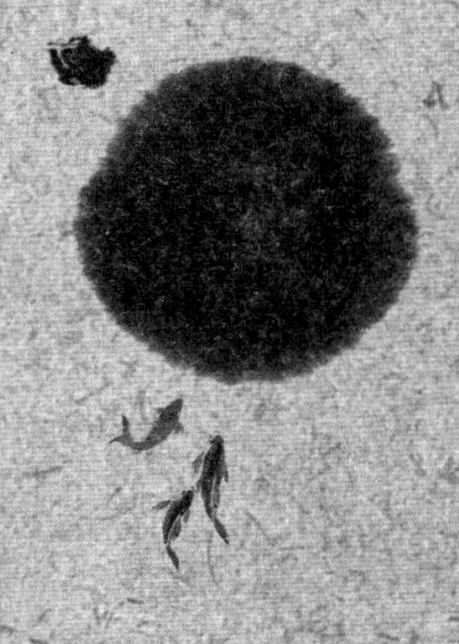

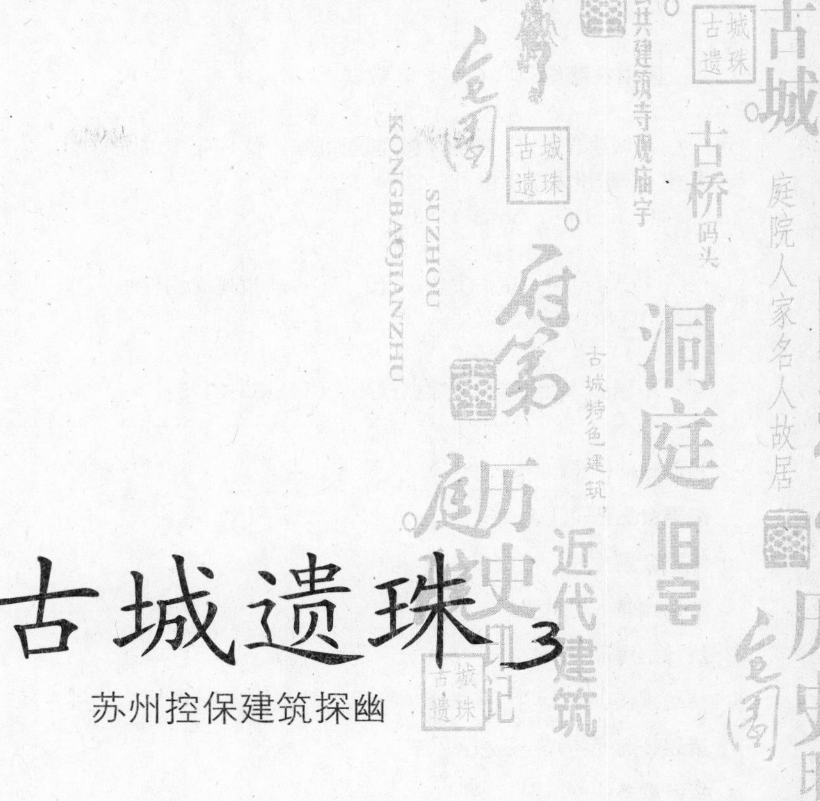

古城遗珠 3

苏州控保建筑探幽

主编　沈庆年

苏州大学出版社

图书在版编目（CIP）数据

古城遗珠. 3，苏州控保建筑探幽 / 沈庆年主编. -- 苏州 ：苏州大学出版社，2014.12
ISBN 978-7-5672-1183-4

Ⅰ. ①古… Ⅱ. ①沈… Ⅲ. ①古建筑－文物保护－苏州市 Ⅳ. ①TU-87

中国版本图书馆CIP数据核字(2014)第312125号

特邀顾问：王仁宇　徐刚毅
编委会主任：王金兴
编委会副主任：沈庆年　张　纯
策划编辑：姜林强
执行主编：倪浩文
特约撰稿：何大明　杨维忠　郑凤鸣　邹永明
策划：海通传媒出版机构
执行编务：李　风
美术装帧：谭家馨　李　风
印务：季炜康

古城遗珠 3——苏州控保建筑探幽
主　　编　沈庆年
责任编辑　倪浩文

苏州大学出版社出版发行
（地址：苏州市十梓街1号　邮编：215006）
苏州恒久印务有限公司
（地址：苏州市友新路28号东侧　邮编：215128）

开本700mm×1000mm　1/16　印张17.75　字数245千
2014年12月第1版 2014年12月第1次印刷
ISBN 978-7-5672-1183-4　定价：58.00元

苏州大学出版社营销部 电话：0512-65225020
苏州大学出版社网址 http://www.sudapress.com

代 序

和控制保护建筑同行

王仁宇

《苏州楼市》杂志总编沈庆年先生在苏州文化旅游发展集团董事长王金兴先生的全力支持下，组织杂志撰稿人决定编辑出版一套“苏州历史建筑文化丛书”。第一本是关于苏州市控制保护建筑的书籍，书名很雅，叫《古城遗珠——苏州控保建筑探幽》。

所谓控制保护建筑，是指散落在苏州古城区及各镇大街小巷内数百处有一定文物价值的古老建筑。其中以古民居为多，此外也不乏寺庙庵观、义庄祠堂和会馆公所之类的建筑。这些建筑长期以来挤满了住户，号称七十二家房客，虽然年久失修，衰败破落，历史的欠账随处可见，但细细品赏，依然各具特色，精妙之处历历可数。有的深藏在小巷尽头，或是临流筑室；有的高楼深阁、雕梁画栋；有的庭院深深、曲径通幽，凿有池沼、叠有山石、栽有奇花异卉。如果不是亲眼看见真不会相信，一处书斋前面，只有巴掌大的庭院，四周高墙深锁，但仍不忘修筑一处极为精致的花坛，栽上几株红的或黄的天竹，而后在墙上刻上一方“遥风漏月”的砖细题额。在这里似乎真的能听到寂寞的寒窗学子对大自然的真情呼唤。这一处处精心修建的被人誉为苏式建筑的实例，反映了苏州几代人乃至几十代人生活和居住的真实状况，凝聚了先人无穷的智慧和杰出的创造。苏州是个人文荟萃之地，状元宰相、文人学者、诗人画家代有辈出，他们就是从这些古老的建筑中走出来，并谱写了绚丽的人生篇章。

这些曾经精美的建筑，连同刻烙其间的历史印记，构筑了苏州辉煌的历史和灿烂的文化。打开沈先生主编的《古城遗珠——苏州控保建筑探幽》一书，不难发现，书中的记述离我们并不遥远，那些精美的建筑就坐落在我们经常路过的小巷深处、桥头河边；那些杰出人物仿佛就是似曾相识的左邻右舍，只是尘封已久，渐渐淡出了我们的视野。该书的出版发行，将帮助我们重新找回岁月的印痕，唤醒历史的记忆。

一

说起控制保护建筑，还得从1982年苏州市开展的那次大规模文物园林建筑普查说起。

“文革”的硝烟刚刚散去，保护苏州这座被誉为“人间天堂”的古城这一严肃课题，便受到众多有识之士的关注。吴亮平、匡亚明等前辈站在保护民族文化遗产的高度，在报刊上发出了“救救苏州古城”这震撼人心的呼唤；邓小平等中央领导高瞻远瞩，明确指示：要保护好苏州这座美丽的古城；国务院、江苏省委派出调查组，协助苏州做好古城保护工作，并拨专款，抢救修复苏州文庙、环秀山庄、艺圃、全晋会馆、瑞光塔、北寺塔院等一批重要文物保护单位。在此期间，苏州被公布为我国首批历史文化名城，明确了苏州古城的城市性质。事后笔者才醒悟到，这是文化战线上一场惊心动魄的斗争，是对“文革”“极左思潮”干扰下被搞乱了的文物保护事业的拨乱反正。因此笔者认为，1982年是苏州文化史上极不平凡的一年。

苏州大规模文物园林古建筑普查，就是在上述重大历史背景下展开的，目的十分明确：对遭到破坏的苏州古城进行一次全面清理，以便摸清家底、加强管理，切实做好保护工作。这次普查是在苏州市政府的直接领导下开展的，我们文管会办公室全力以赴。此外，还从园林、城建、宗教、房管等部门抽调了十多位骨干同志组成了专业调查组。调查组的同志分头深入各区，在当地街道、居委会的配合下，拉网式地穿街走巷，寻访踏看。普查工作历时半年，结果丰硕，我们惊喜地发现了数量众多的各类古建园林。我们审慎地反复评估、论证，选定其中文物价值较高的三十七处古建文物，由苏州市政府公布为市级文物保护单位。这使苏州市的各级文物保护单位跃增到九十二处，数量之多，为全省之冠。为巩固普查结果，对留下的其他古建筑，由于其历史沿革、建筑特色和人文内涵等要素，一时尚难搞清，公布为文物保护单位条件尚不成熟，决定从中精选二百五十二处，由苏州市政府专门发文予以保留，并规定未经批准不得任意翻建、改建和拆除，而且还特地起了一个具有约束力的名称——苏州市控制保护建筑，这就是苏州市控保建筑的由来。

二

随着时间的推移和工作的深入，我们对控制保护建筑的重要价值和加强保护的意义，已从最初为了巩固普查成果的想法，逐步和苏州历史文化名城的保护联系在一起。这些控保建筑已成为苏州历史文化名城不可或缺的组成部分。这些民居建筑群体遗存是苏州古城最为厚实的文化基础。记得当时在回答媒体采访时，笔者提出：控保建筑是构成苏州古城风貌的重要元素，是苏州建筑文化传承弘扬的遗传基因，是解读苏州历史文化信息的密码，这一“元素、基因和密码”，其核心思想是确保苏州古城的真实性和完整性。

我们公布保护一批数量可观的控制保护建筑，是在做一件前人从未做过的事，是一项具有开创意义的工作。这对拓展文化遗存保护的空间，充实承载人文内涵的载体，扩大可观瞻的文化景观，使苏州古城形态更加丰满完整，起了很大的推动作用，使我们能拥有一个更具文物价值和文化品位的古老苏州。

三

控制建筑保护工作难度很高，实际情况要比预计的复杂得多，远远超乎我们原先的想象。

控制保护建筑公布之初，正好遇上一些单位和部门为解决干部职工的住房困难，采用自筹资金、自主建房的热潮，特别是下放苏北的干部职工和知青返城，在城市缺房状况更加明显的情况下，出现了“见缝插屋”的不规范局面，导致保护与建设之间的矛盾尤为突出。当时我们的应对措施主要是“四处救火”“以理服人”，采取面对面的艰苦细致工作，近乎是上门请求“刀下留房”，不要将老房子拆去。

眼巴巴地等待形势的好转，却始料未及，迎来了一场城市建设“风暴”。这场“风暴”来势之迅猛、力度之大、拆迁范围之广，前所未有。诸如为打通古城东西通道所实施的干将路工程，以及全城54个街坊的旧城改造工程等，用“天翻地覆”来描述，也不算夸张。当时百万建设大军进驻苏州古城，全城成了一个大工地。面对需要保护的建筑已不再是个别的几个点，而是成片成线。我们能依靠的手段只有城市规划这道防线了，规划管理的严格把关是最为有效的保护措施。但是，一些单位和部门为了一时所需、一己之利，或是由于管理上的混乱和疏忽造成的错拆、误拆仍时有发生。为防止此类意外，我们不仅在每一处控保建筑的大门上钉上了醒目的标志，而且还经常穿梭于工地、建设单位和规划部门之间，严格监督、妥善协调，尽量减少损失。

这场城市建设“风暴”历经数年，苏州全市两百多处控保建筑大多数完整地保存了下来，这是我们交出的一张成绩单。经过这场大拆大建，许多传统建筑消失了，却也得到了一个意外的收获：控保建筑在市民的心目中成了自己家乡的标志，他们找到了回家的感觉，控保建筑因而显得弥足珍贵，其地位得到显著提升。

四

苏州市控制保护建筑公布迄今，已艰难地走过了将近三十个年头。由于政府的重视和大家的努力配合，它们目前的处境也有所改善，关心它们命运的已不光是文物部门一家，我们不再感到孤单。2002年苏州市人大常委会还制定了《苏州市古建筑保护管理办法》，控保建筑正式受到了法律的保护；政协委员关于控保建筑保护的提案年年不断，提出了许多积极的建议和意见；房管局、规划局等行政部门，以及吴文化研究会、吴都学会等社团组织的专家学者开展了深入研究，撰写了文章，编写了书籍，控保建筑的保护已深入人心。

笔者和这些控保建筑结伴同行，走过了漫漫长路，跨越了道道难关，结下了深厚感情。"控制保护建筑"这个由笔者给苏州市政府的报告中首次提出的名称，也得到了大家的认可并沿用至今。这些年来，控制保护建筑给了笔者巨大的压力，有担忧也有焦虑。但是控保建筑也给了笔者无限的欢乐和喜悦，特别是每当有新的重要发现、考证取得某些成果，或者是某一控保建筑得以修缮竣工时，便会感到由衷的高兴。笔者退休后做的第一件事是编写了《苏州名人故居》一书，是笔者对控保建筑多年结伴同行的成果，是一份工作总结，也是一份工作移交报告。

本以为到此为止可以告一段落，但总觉得事未了、情未断，其中最为牵挂的是这些控保建筑的逐一修复和合理使用，这是我们公布这些控保建筑的初衷，也是终极目标。这些百年建筑年久失修，如让其依然受风雨侵袭，使用失当，那么，总有一天它们会消失殆尽，离我们而去，一切都会前功尽弃。

前些年，笔者陪同谢辰生、罗哲文两位文物大家参观双塔影园和葑湄草堂等几处业已修复的控保建筑，两位古建筑权威边走边看，忍不住点头赞叹。二老坐在池塘边的石条上，任凉风习习，纵论天下民居，为苏州的建筑所折服。此时此刻，笔者却深感不安，无限内疚：天天大谈保护文化遗产，全市两百多处文化精品，苏州特有的一份宝贝，然而迄今得以全面修复的不过十之一二，其余的仍在风雨飘摇之中。

正在笔者苦闷彷徨之际，忽然听到一个喜讯，苏州市委、市政府决定：从2011年开始要对苏州市区控保建筑逐年加以修复、利用，并已落实由苏州文化旅游发展集团等单位实施。工作已经启动，这让笔者看到了苏州控保建筑的美好前景。

《古城遗珠——苏州控保建筑探幽》一书即将面世，据讯，在沈庆年先生带领下，《古城遗珠》系列还将在调研、考证、编撰后陆续出版，笔者感到由衷的高兴。笔者非常感谢沈主编和作者们的辛勤劳动，他们用真实的故事、生动的语言，为苏州市控保建筑做出了详尽阐释。同时也非常感谢苏州文化旅游发展集团鼎力支持这本书的出版发行，这将有力地推动苏州市文物保护事业的深入发展。这也从另一个侧面为苏州市控保建筑的永续保护和合理利用开辟了一条新的战线。

前言

继续执着

倪浩文

“控保建筑的保护工作难度很高，实际情况要比预计的复杂得多，远远超乎我们原先的想象。”这是苏州“控保”专家王仁宇先生在首册《古城遗珠》序文中说过的话。

这几年来，在苏州文旅集团的支持下，在《苏州楼市》总编沈庆年先生的统筹组织下，参与苏州控保建筑寻踪、考证、撰文、结集的朋友们，越来越对这句话产生了共鸣。

是啊，世界上的事往往如此，相识固然简单，理解未必容易。那些曾经的豪宅名邸，少了知音，多了诅咒。那些“最好快点坍掉”的诅咒，听得多了，似乎也不再那么逆耳了。毕竟古宅不是我住着，那白蚁、霉潮、局促，还有和时尚楼墅间的落差，也不是我能时刻感受到的。虽然我也曾住过这样的房子，然而此时此刻，它们已经不属于我了。

可是，它们属于苏州。

那些现在耳熟能详的名字，江苏高等法院（清按察使署旧址，俗称臬台衙门）、名医叶天士故居、蒋纬国故居、听枫园、苏州关税务司署旧址（俗称洋关）、金庭雕花楼（仁本堂）、苏纶纱厂旧址，之前都是控保建筑啊。也许这些你还有点陌生，那我们可以告诉你，它们现在有的已经升为省级文物保护单位，与寒山寺同级了。换句话说，如果苏州少了几十座“寒山寺”，那还是苏州吗？

所幸我们的控保工作还在推进，包括各个县级市和区内的控保数量，也在不断增加。2014年，苏州市区的第四批控保名单公布了。而且这批苏州市区的控保名单中，还第一次收录了古桥和碉堡，这些虽然不是住人的建筑，却也是饱经沧桑的苏州土著，它们老态龙钟，可是记性依然很好，关于苏州的历史，已经在古桥的石梁上、碉堡的水泥里，刻得很深很深。

只是，这些还很不够。仅以我个人为例，近四年来行摄了苏州五县市在内的三千多处古迹，实地走访中发现，这些古迹中被归入控保的只是冰山一角。很多建筑价值远高于目前挂牌控保的文物，因为种种原因还在名单之外。它们等不及了。2014年5月，我走访过的市民公社遗迹日晖桥栏被弃。10月，走访常熟支塘东北的仓埠桥，发现清代古桥在一个月前被改建为新桥。11月，走访太仓浏河，发现中心北街200号门楼被毁，古宅坍塌过半，只剩下敞露的雕刻极其精美的荷包梁告诉我们它曾经的辉煌。除了实物的远去外，还有宅史的湮灭。吴江盛家厍的余庆堂李云骅宅，堂名是我借了刮刀从已经被纸筋涂没的界碑中铲出得知的。太仓浮桥的铭德堂王雨甘宅，宅史是我从现年九十六岁的老翁口中问得的。老翁仔细回忆，终于想起来，告诉我，原来那个门楼上有四个字，“令德攸宜”。这些寻访尚是顺利的，而太多太多的古宅，宅史再也难以被问到。别的不说，就说已经公布的市区控保名单中，就有山塘街、景德路、仓街等多处建筑，连原宅主的姓氏都没有查访到。

很多来苏州的朋友，看了苏州的古迹，感慨道，这些古迹要是放在他们的城市，至少也是个市级文物。是啊，苏州的古迹太多了，于是我们对此反而不那么敏感；古迹背后的历史原因和现行框架太多了，于是想要维修保护反而不那么轻松。其实，研究苏州控保本也是件吃力不讨好的事情。且不说它往往和“主流”思路相悖、城建规划相乖、居民需求相异，就是同样是做学问的，研究理科的看不起研究文科的，研究文科的看不起研究乡邦文化的，研究乡邦文化的又看不起研究控保的。因为它太“小”了，又太专业，需要文史基础，更需要古建知识，于是外面来的插不上话，书斋里的讲不到位，它只是角落中这么一个小小的点，也许注定不能大气，注定不会有太多知音。

可是，我还是要说，关心这些古建的朋友正在日益增多。当我们看到一本本成集的《古城遗珠》时，不能忘记以苏州文旅以及沈庆年等为代表的，为控保古建记录、维护付出心力的集团、企业和个人，还有老少咸集的苏州文保、拍记志愿者队伍，以及每天都活跃着的数个专业QQ群、微信……这些控保的粉丝，或官方或民间的力量，他们是“挥手从兹去”背后长久的流连，是痛心疾首背后务实的担当，是牢骚满腹背后由衷的痴迷。苏州需要他们，古建需要他们，控保更需要他们。

控保的故事还有很多，控保粉丝的执着还在继续。朋友，一起来，欢迎你！

目录

洞庭旧宅

近代建筑

寺观庙宇

公共建筑

古桥码头

—市镇宅园—

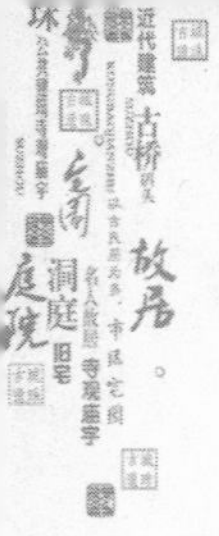

并非状元府第的温宅

控保档案：编号为022，温宅，位于白塔西路100号，乃清代建筑。

苏州古城区的白塔西路，西接人民路，东至临顿路。在这条历史悠久的街巷中，古宅众多。仅列入苏州市控制保护建筑名录的，就有洪宅（门牌70、72、74号），吴宅（门牌80号），温宅（门牌100号），杭宅（门牌115、117、119、121、123号）。

位于白塔西路100号的温宅，宅主生平事迹不详，未见有关史料记载。但20世纪末，温宅经过修复后，其南面院墙上，却镶嵌一块长方形砖额，题为“古状元府第”。其实，张冠李戴，这一做法是错误的。离温宅近在咫尺的吴宅（门牌80号，控保建筑标牌号024号），才是“古状元府第”。宅主吴廷琛，系清代嘉庆年间状元，不少史料上都有记载。

昔日的温宅，也颇具规模。其方位西近人民路，北门通长康里。古宅坐北朝南共两路，东路为正路。白塔西路拓宽后，第一进门厅和第二进轿厅已拆。大门改建为砖细门罩式样，塑纹头脊。门罩两侧，砌筑低矮的院墙。进门为一座小天井，无树木、水井等物。第三进大厅（正厅）保存至今。大厅面阔三间十点二米，进深十点三米，基本呈正方形。正脊形制为纹头脊，中间塑有万年青图案。东侧砌筑一堵高出屋檐的马头墙，具有防火功能。细看屋面，其坡度平缓，保留了晚明风格。

大厅现在已为多户居民居住。残存的落地长窗，古朴典雅，给人以一种历经岁月洗礼的沧桑感。门前的长条形花岗岩台阶，坚实厚重，表面已经磨光。室内的金砖铺地，仍为原物。青石质鼓形石础，完好无缺。大厅的顶上，设置颇为考究的双翻轩。梁架间的山雾云木构件，虽然积满灰尘，但仍然透出古朴的风韵。梁架上的棹木仍存。棹木是固定在梁架上的雕花构件，雕刻方法一般为高等级的深浮雕或镂雕，图案以吉祥物为主。其制式形似官帽，俗称纱帽。因此，具有纱帽形制的厅堂，俗称“纱帽厅”。从温宅雕刻精细的棹木判断，这是一座颇具规模的纱帽厅。也许，这就是有关方面将古宅判断为状元府第的原因吧。

大厅东侧有一条残存的备弄。从备弄往北，依次为三进堂楼（楼厅）。最南面的楼厅，两侧带厢房，为走马楼格局。雕刻精细的砖雕门楼，已经毁于“文化大革命”“破四旧”运动，尚存金山石门框。庭院内，原有一株珍贵的瓜子黄杨。树形优美，树冠呈球形或倒卵形。黄杨

是适合庭院栽培的观赏树种，不但适合地栽，也适合盆栽。树龄百年的黄杨，是著名的古树名木。可惜，这株珍贵的黄杨，现在已不存。后两进楼厅，破损严重，尚存木结构楼梯、落地长窗等古建筑元素。如今，三进楼厅都分隔成多户人家。

西路原来有一座花园。园内疏池理水、栽花植树、叠石掇山，园林要素一应俱全，可惜现在已不存。现存的船厅，落地长窗和木构梁架仍为原物，虽然破旧仍不失典雅。南北相映的对照花厅，保留原来风韵，弥足珍贵。船厅和花厅，现在也分隔成多户人家。一些乱搭乱建的违章建筑，存在火灾隐患。

整座温宅的精华，是东路的纱帽厅。及时维修已经破损的纱帽厅，很有必要。

（何大明/文　倪浩文/图）

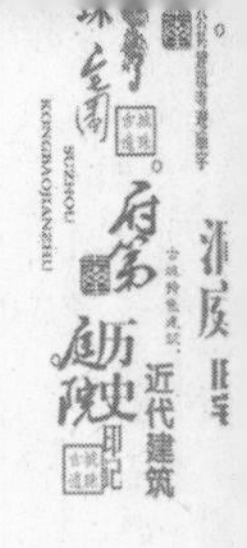

白塔西路隐杭宅

控保档案：编号为055，杭宅，位于白塔西路115、117、119、121、123、125号，乃清代建筑。

在苏州古城北部人民路东侧，有一条东西向的街巷，名白塔西路。这条路的东段，原来是一条并不宽的小巷，名“古市巷”。这里历史悠久、人文荟萃、古宅众多。其中的吴宅、洪宅、温宅和杭宅，均已列入苏州市控制保护建筑名录。建于清代的杭宅，原有的建筑格局，规模较大，坐南朝北多达五路。现在的门牌号码，为白塔西路115、117、119、121、123、125号。如今保存较好的，是115号和123号建筑，大门上钉有蓝色控保建筑标志牌。其他门牌号码沿街的，经过翻建面目全非，已开设为各类商铺。

最东面的一路，门牌为115号。一条备弄从北至南。备弄一侧蟹眼天井内，不为人注目地还保留着一眼古井。井栏材质为青石，形制内圆

外八角。在相隔很近的南面庭院内，还有一眼相同材质和形制的古井。它们相映成趣，是古宅积淀历史文化的印章。两眼古井用途不同：北面一眼是“下里巴人”，专门用于洗刷马桶；南面一眼是“阳春白雪”，供饮水、淘米洗菜和洗衣服。如此科学分工，既讲究卫生，又有效保护了水源。

东路第三进为堂楼。堂楼东侧设木构楼梯，配置典雅的雕花木栏扶手。堂楼底层金砖铺地，设船篷轩。这里，宅主曾经辟为书房。如今，东西两侧砖细门宕上，仍保留两方珍贵的砖额，分别题为“传薪”和“析疑”。析疑解惑，薪火相传，是儒家治学之道的格言。堂楼底层朝南，配置传统的木构窗户。中间为六扇落地长窗，两侧各六扇骑墙半窗。檐下垂挂的花篮柱，保存完整雕刻精细，犹见当年风采。

堂楼南面，是一座典雅的庭院。院内花木扶疏，枇杷、棕榈等错落有致。院内的一眼古井，与众不同，实属罕见。该井材质为花岗石，形制内圆外六角。一般的水井没有井盖。即使有，也随便用一个锅盖代替。但是，这眼古井专门配置一个圆形花岗石井盖。古朴雅致的井盖，表面呈馒头状的弧形。正中雕琢两个圆形凹孔，便于用手抓取。石质井盖比较沉重，小孩无法随便移动。如此，既保护了水源清洁卫生，又可避免小孩不幸落井的悲剧。

住在堂楼的卢先生，是一位从小就居住于此的苏州“土著”。据他介绍，杭宅的宅主名杭为宇（音）。因为卢先生的外婆也姓杭，与宅主沾亲带故，所以能长期租房于杭宅。杭为宇戴一副眼镜，整天笑眯眯的很和蔼，与周围邻居关系融洽。“文化大革命”来临，杭为宇的地主身份暴露。作为“四类分子”，当然难逃被批斗被抄家的厄运。藏在天花板中的金条，被造反派抄家后没收。戴上“四类分子”黑臂章的杭为

宇，被迫每天拿起扫帚清扫马路。周围邻居见他年老体弱，常常偷偷替他清扫。杭为宇过意不去，就买来大饼油条相送。

东路最后一进堂楼，系民国时期所建，带有与整座老宅不同的西洋建筑风格。木构大门和气窗上，镶嵌彩色的毛玻璃，俗称“麻花玻璃”。这种从西欧进口的玻璃，使用至今完好无损。室内的石膏板吊顶，也采用西洋风格的花卉图案。东起第三路，有一座花厅。该厅面阔三间八点七五米，进深六点八米。卷棚顶屋檐古朴雅致。室内金砖铺地，扁作梁。配置的落地长窗，古风犹存。

西起第二路，门牌为123号，挂“控制保护建筑”标志牌。沿街的石库门，条石门框和对开木门，仍为原物。第一进门厅，塑哺鸡脊。门前花岗石台阶光滑平整，积淀了历史的沧桑。落地长窗的裙板，朴实无华不见雕饰。第二进为楼厅，两侧围以厢房。外檐下配置桁间牌科。青石鼓墩仍存。残存的一座砖雕门楼，下枋依稀可见雕饰，人物图案已毁于“文化大革命”的“破四旧”行动。对开木门上，钉有防火防盗的方砖。每扇排列二十七块，弥足珍贵。但旁边搭建的雨篷，破坏了整体风格的和谐。第三进也是带两厢的楼厅。尚存落地长窗、花岗石台阶和柱础。檐下三面残存雕花木板，花篮柱古朴雅致。老宅的后花园，原有池塘、假山和花木，如今已废。

作为控保建筑，杭宅具有一定的建筑价值和艺术价值。如何更好地保护宅内的古建筑，有效处理乱搭乱建的违规行为，还应该引起有关方面的高度重视。

（何大明/文　倪浩文/图）

大新桥巷笃佑堂袁宅

控保档案：编号为086，笃佑堂袁宅，位于大新桥巷28号，乃清代建筑。

在苏州古城平江历史街区内，全国历史文化名街——平江路的东面，有一条临河的大新桥巷。这里环境幽雅，石阶连河埠，垂柳映驳岸，演绎着姑苏水巷的经典。巷内名人故居不少。庞宅（庞氏庭园）、郭绍虞故居，都已列入苏州市控制保护建筑名录。笃佑堂袁宅在大新桥巷28号。从西到东，门牌号码依次为28号（边门）、28号、28-1号。老宅现已列入苏州市控制保护建筑名录（标牌096号）。

袁氏是苏州有一定影响的名门家族。《苏州名门望族》（广陵书社）中列有袁氏一族。书中考证：苏州历史上有记载的最早袁姓人士，是东晋袁山松，曾任吴郡太守，著有《后汉书》百篇。现在能考证的苏州袁氏有两支最为著名，一支是源出河南的“渡桥袁氏”；另一支也源出河南，属于“吴门袁氏”。笔者经过实地走访袁宅得知，笃佑堂主人并非袁世凯后人（袁世凯之子袁克定曾经居住过苏州），而属于吴门袁氏。

根据宅内砖雕门楼的落款，笃佑堂袁宅建于清代乾隆五十八年（1793）。老宅的宅主，最初属于顾氏，接

下来属于吴氏，最后才属于袁氏。袁宅坐北朝南，南面临大新桥巷沿河，北面至大马场弄。其整体布局，分为西、中、东三路，建筑面积共一千五百七十三平方米。西路为主路，共六进。第一进为门厅，第二进为轿厅（茶厅），第三进为大厅（正厅）。大厅面阔三间八点八米，进深七点四米。梁架扁作，设置鹤颈轩和菱角轩。梁架间镶嵌精美的山雾云木雕板。第四和第五进围合成走马楼制式。第四进原来有砖雕门楼，题额“敏则有功”，乾隆五十八年款，姜晟题。中路以对照花厅较为别致。东路有平房二进，第二进为祠堂。祠堂北面的后花园已废。

新中国成立后，袁宅除了一部分归袁氏后人居住，其余归国家所有，成为平江区房管局所属的公房。从此，老宅成为多户居住的大杂院。“文化大革命”期间，袁宅作为“破四旧”的对象，也受到冲击。红卫兵前来查抄“封资修”（封建主义、资本主义和修正主义）。一堂红木家具，现在保存在苏州博物馆。大厅上悬挂的“笃佑堂”精美匾额，卸下后凿去字迹，最后不知去向。第四进砖雕门楼上镌刻的字额和图案，由于宅主袁超淳事先贴上大红纸书写“忠”字以及“敬祝毛主席万寿无疆”，才幸免于难保留下来。1980年，市文物局修复双塔景区，准备从老宅中移建一座砖雕门楼。但由于产权等原因，迟迟没有找到合适的门楼。袁超淳听说后，考虑再三做出决定：家中的门楼与其任其破旧而无力修复，不如捐献给国家。于是，第四进的“敏则有功”砖雕门楼，顺利移建至双塔景区。

移建后修复的门楼，美轮美奂，位置在双塔罗汉院后院正门。门楼小青瓦排列的屋檐，塑哺鸡脊。檐下斗拱纤巧，置一斗六升牌科。上枋中间浅雕花卉图，底边镶嵌挂落。两侧设置垂莲柱。中枋字牌题额“寿宁万岁”四个行书。两侧兜肚镌刻精美的图案，刀法为考究的深浮雕。下枋两侧镌刻回纹，中间为深浮雕图案。

现在的袁宅，尚存传统住宅旧貌。老宅院墙沿河一字排开。西路（门牌28号边门）为整座住宅的主路。门厅正脊塑纹头脊，中间塑万年青图，为传统吉祥堆塑。檐下木构挂落饰卷草图，排列八扇黑漆塞板门。门前设置花岗石台阶。两侧方柱凸出，砖细贴面。柱端斗拱下，浮雕牡丹图，栩栩如生。

第二进轿厅与第三进大厅，围合成一座石板天井。轿厅为歇山式。北墙上，原来贴砌一座砖雕门楼。现在残存的门楼，尚有八字砖细墙、花岗岩门框。住在这里的王先生，是一位“老苏州”，对老宅情有独钟。房管所派人前来修房时，王先生生怕门楼原貌受损，守在一旁寸步不离。在他的再三要求下，门楼上的蝙蝠和寿桃图得以保留。一块“鲤鱼跳龙门”砖雕板，也保存在天井花坛旁。王先生还在天井内栽植了不少盆景，品种有吊兰、棕竹、罗汉松、雀梅等。一口水缸内，金鱼嬉游在睡莲间。另一只水缸内，姿态优雅的绿毛乌龟正在缓缓爬行。小小的天井，成为一座生机盎然的袖珍生态园。

大厅为歇山式，塑哺鸡脊。檐下门楣饰卷草图。厅前设置花岗石台阶，共三级。大厅面阔三间，朝南中间设置六扇镶嵌玻璃的落地长窗，两侧各四扇骑墙半窗。厅前设置轩廊，制式为鹤颈轩。轩廊两侧设置砖细框门宕，东面题“容身”，西面额“知足”。门额为宅主的治家格言，反映了宅主“知足常乐”的处世哲理。大厅内，设菱角轩。金砖铺地仍为原物。梁架扁作，用料粗壮。梁架间，雕刻精美的山雾云图案，栩栩如生。嵌入墙中的木柱和圆形石础，依稀可辨。喜欢“老古董”的主人，还自费购买了一只古色古香的宫灯，悬挂在梁架上。

第四进和第五进堂楼，围合成走马楼制式。屋檐正脊为哺鸡脊。走马楼与大厅隔断，现在为宅主袁超淳的孙子居住。楼下设置落地长窗，楼上为木构玻璃窗。风吹雨淋日晒，残存的油漆已经斑驳。木构楼梯仍为原物。圆木镶嵌的镂空扶手，见证了历史沧桑。走马楼后面是一座两层堂楼，塑纹头脊，为其他用户居住。

中路门牌号码为28号。花

岗岩边框的石库门上，配置两扇黑漆对开木门。推门进去，为一条以前的备弄。中路和西路的住户进出，都要以此为通道。中路的建筑特色，是一组对照厅。对照厅的格局，是由两座大小基本相同、平行间隔、南北相互对照，共同使用一座庭院，形成一组的厅堂。因为庭院内栽植花木可以共赏，又称“对照花厅”。对照厅一般体量较小，形制有花篮厅、贡式厅、海棠厅、船厅等。南北对照厅的形制，既可以相同，也可以不同。比如：一座为聚友酬唱的会客场所，另一座为主人读书写字的书房。其落地长窗往往配置玻璃。如此，下雨天或严寒的冬天，不开长窗也可以隔窗欣赏庭院美景。两厅之间，有的一侧以走廊相连，从而避免下雨通行时淋湿。对照厅通常设置在边路，上规模的老宅才具备。

袁宅的对照厅，体量较小，屋檐均为硬山式。南厅坐南朝北，无前廊，为聚友品茗赏花的花厅。北厅坐北朝南，檐下镶嵌木构挂落，墙上设置木构花窗，形制为八角形。前廊设花岗岩台阶，顶为船篷轩。该厅为主人的书斋。朋友相聚在花厅品茗抚琴后，来到书斋谈经论道，泼墨挥毫，其乐融融。如今的对照厅，室内被分隔，已经为几家住户共用。庭院的花岗石铺地，改建为水泥地坪。一株葡萄藤攀架而上，为庭院点缀了少许绿意和生机。

东路门牌号码为28–1号。第一进平房，屋檐为纹头脊。平房原来为袁宅账房先生和佣人居住，现在改建为住户。第二进平房，原来为祭祖的祠堂（家祠）。据住在这里的一位老苏州介绍：当年，祠堂梁架上的紫铜挂钩，明亮粗壮，造型典雅。挂钩上悬挂红灯笼。每到清明、冬至和春节，供桌上就点燃蜡烛和香火，摆满水果、菜肴等供品。主人一家面对祖宗牌位，虔诚地下跪，口中念念有词。现在，祠堂也分隔为住户。每逢阴雨天，光线暗淡，阴森森的有些可怕。

祠堂后面，原来是一个花木扶疏的花园。园内堆叠湖石假山，小

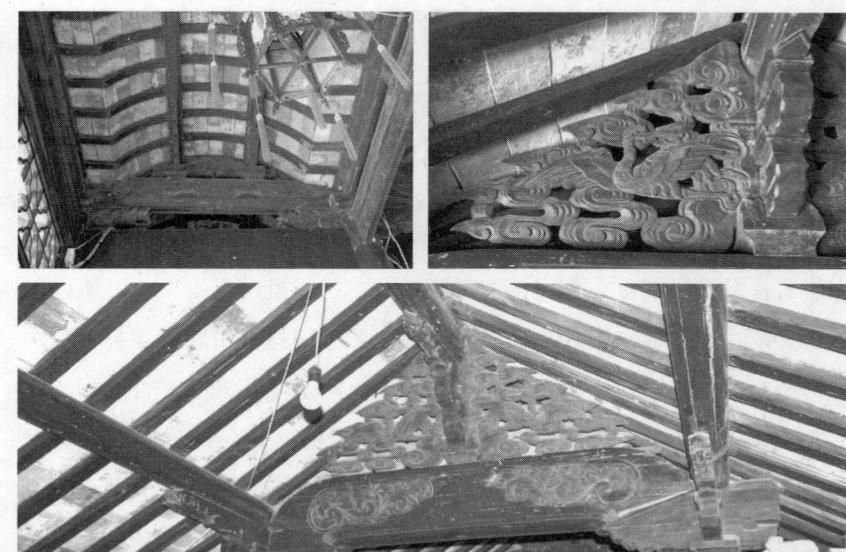

亭错落其间。玉兰、枇杷、香椿、山茶、桂树等花木郁郁葱葱。每到春天，周围邻居的小孩便来到花园桑树下，采摘桑叶喂蚕宝宝。顺便在假山间捉迷藏。如今，花园已毁。遗址上搭建起房屋供居民居住。水泥阳台上摆放的一些盆景，点缀出一些绿意。

从笃佑堂袁宅往东，近在咫尺，就是位于小新桥巷的耦园。那是一座列入世界文化遗产的苏州古典园林。

（何大明/文　倪浩文/图）

麟趾呈祥的洪宅

控保档案：编号为021，洪宅，位于白塔西路70、72、74号，乃清代、民国建筑。

在苏州古城北部人民路东侧，有一条东西向的街巷，名白塔西路。老街历史悠久，人文荟萃，古宅众多。其中的吴宅、洪宅、温宅和杭宅，均已列入苏州市控制保护建筑名录。建于清代的洪宅，地址在白塔西路70、72、74号。由于老宅隐藏在沿街的商铺后面，要找到并不容易。

有关洪宅的资料，少得可怜。笔者走访现场得知：民国时期，洪宅的主人姓洪名少甫（音）。其先祖因经商致富，在清代咸丰年间购地，建起这座苏式传统建筑老宅。老宅坐北朝南，原来有东、中、西三路。东路设置书斋、花厅，以及一些附房。中路为中轴线上的主路，依次设置第一进门厅、第二进轿厅、第三进大厅，以及第四和第五进组成的走马楼。东路设置花园、堂楼等建筑。

20世纪40年代，徐姓购下洪宅。新中国成立后，老宅除一部分归徐姓所有，其余归属国有，成为平江区房管局的直属公房。由于路面拓宽

和沿街改建商铺，1999年复查时，70号门牌为民居，72号沿街部分为商业用房，74号改建为古市幼儿园。如今，西路建筑已经不存，仅保留中路和东路的部分建筑。

从墙上钉的70号门牌进去，先是一条露天狭弄，接着是一条传统的幽暗备弄。如此奇怪的格局，是因为房屋改建造成。原来，这里是洪宅的东路。当初，进门两侧设置平房，为账房先生和佣人居住。一间幽雅的耳房，俗称“鸦片室”，专门为主人吸食鸦片而设。平房后面是一座花园。花园面积尽管不大，但也堆叠湖石，设置小亭，栽植各类花木，颇具城市山林野趣。如今，东路仅存两侧连接厢房的堂楼。堂楼经过改建，原来的木构长窗已不存。木构楼梯的雕花栏杆，仍为原物。古韵犹存的石板天井中，与众不同的是铺地的花岗石不是整齐的长方形块石，而是利用不规则残料铺成冰裂纹。天井内，摆放三角枫、银杏、滴水观音等盆景，郁郁葱葱。

中路现存大厅、砖雕门楼和走马楼。大厅为硬山式，面阔三间九点四米，进深六檩十一米，梁架粗壮，系考究的扁作梁，前后设置船篷轩。目前，大厅已成为沿街商铺，与后面的走马楼隔断。大厅北面的庭院内栽植枇杷树，摆放黄杨盆景和金鱼缸，生机盎然。大厅北墙上贴砌的一座砖雕门楼，是整座洪宅的精华，也是洪宅之所以列入控保建筑的典型例证。门楼内框以四根花岗岩方形石料构成。左右两侧为砖细垛头。内侧斜面为传统的八字形。门宕内的对开木门已失，现在用砖块砌断。

整座门楼雕工细腻遒劲，采用镂雕、高浮雕等高难度技法。其整体造型典雅秀丽、层次分明、内容丰富、形式疏朗有致。檐顶覆盖黛瓦，鳞次栉比。檐口设置“寿”字花边滴水。檐下排列一斗六升牌科，间隔有序。牌科两侧的垂花柱顶端，各雕刻一只麒麟，为高浮雕，栩栩如生相映成趣。牌科下面依次设置上枋、中枋和下枋三层长方形砖细板块。上枋排列三块水磨方砖。枋下悬挂精美的挂落。下枋比较考究。中间的砖雕，呈现画卷形制，雕刻传统的人物故事。

中枋的两侧为兜肚，中间为字牌。兜肚同样是考究的高浮雕，表现内容为传统的人文故事。由于人头在“文革”中被红卫兵砸掉，具体内

容无法考证，殊为遗憾。字牌题额“麟趾呈祥”。从落款“咸丰七年”字样，可证明老宅的始建年代。“麟趾呈祥”题额，出典不凡，还有一个充满传奇色彩的历史故事。麒麟，古代传说中的一种神兽。其形状似鹿，独角，全身布满鳞甲，尾巴如牛尾。麒麟与凤凰、乌龟和云龙，谓之“四灵”，多作为吉祥的象征。相传，汉武帝狩猎时，曾经在“雍”地捕获一只全身雪白的麒麟。汉武帝认为是一种吉兆，非常高兴，于是下令铸金作麟足形，曰“麟止”。这里的“止”，通“趾”。一些出土的陶器、瓷器和青铜器器皿，其足往往采用“麟趾”。洪宅主人为门楼题额“麟趾呈祥”，显然是借用典故讨吉利口彩。

大厅后面的第四进堂楼和第五进堂楼，前后左右贯通，形成走马楼制式。第四进堂楼的两层屋檐，下层向前突出，从而构成雀宿檐形制，便于二楼通风采光。底层尚存六扇落地长窗，裙板朴素无雕刻图案。两侧半窗已改建，失去原有风貌。檐下东西两端的琵琶撑，尚存遗构。厅内金砖铺地，花岗岩石础依旧。漆皮脱落的圆木柱上，缠绕着歪七扭八的电线。屏门尽管破烂不堪，但古貌典雅。粗壮的扁作梁，雕刻精美。由于堂楼被两户人家辟为厨房，致使梁架上沾满了油污，令人惨不忍睹。

第五进堂楼现在属于私房，为徐姓宅主所有。该进堂楼与传统老宅不同，部分构件于民国年间做了改动。楼下是一个四面围合的石板天井。楼上东、西两侧设置裙板栏杆短窗。但正面走廊却别出心裁，镶嵌时髦的镂空铸铁栏杆。玻璃窗的窗档，分隔成几何图形。这些元素，都具有典型的西洋风格。

洪宅的宅主生平，还有待于进一步了解。精美的“麟趾呈祥”砖雕门楼上部图案和字牌，不妨覆盖有机玻璃来保护。

（何大明/文　倪浩文/图）

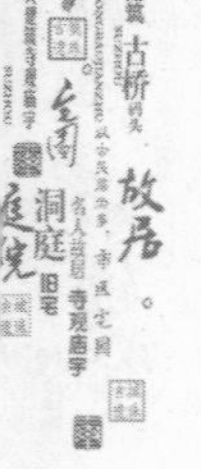

迎晓里韩崇故居

控保档案：编号为072，韩崇故居，位于大儒巷迎晓里4、6、8、10号、迎晓里一弄4号，乃清代建筑。

韩崇故居位于迎晓里。迎晓里南起大儒巷，北到郭家桥。巷因明代王敬臣“仁孝坊”而名仁孝里，1970年改名为“迎晓里”。

据《吴门表隐》载：“仁孝里在道义街，即仁孝坊，明万历十三年（1585），知府宋文科为徵士王敬臣立。因宅在，表其居，后坊圮，悬匾桥阁。阁乃康熙三年（1664）里士顾嗣芳、嗣铿创建。乾隆四十九年（1784）潘文起、顾培源、韩是升、文廷玙等重建。”

韩崇故居坐北朝南。正路五进完整。第一进门厅，外檐列桁间牌科。第四、五进为楼厅，第五进，面阔五间十三点四米，进深五樑六点四米，楼下置鹤颈轩，格扇双面雕刻书画。前出两厢。西路花厅前有庭园，残存湖石假山。另有马房三间，与正路门厅隔巷相对。韩崇故居原有宝鼎山房、宝铁斋藏书楼及花园池塘，现均已毁，余下的一些建筑，部分曾做苏州床单厂车间和民居。

韩崇是清代金石学家吴大澂的外公，字履卿，清朝

元和县（今苏州）人。

韩崇曾任职山东额口批验所大使。批验所是元代开始设置的官署名称，设提领、大使、副使等官职。韩崇后来辞职回家侍奉母亲。母亲去世后，不再到外地任职。

清咸丰十年（1860），太平天国军队击破清江南大营，忠王李秀成率军东进，苏州濒危。韩崇与地方士绅冯桂芬、潘曾玮等人协助官府办理团练，抵抗太平军，并且举办劝捐活动，接济难民。太平军被打垮后，韩崇因功升职盐运使，专门负责盐务管理，并且被加赏花翎。花翎是用孔雀翅膀和尾巴上又长又硬的羽毛，缀在官帽后面的冠饰，颜色十分绚丽。在清朝，只有文职巡抚兼提督衔及派往西北两路大臣，武职五品以上官员才可以戴用。韩崇因功加赏花翎，可见荣耀非同一般。

（郑凤鸣/文　倪浩文/图）

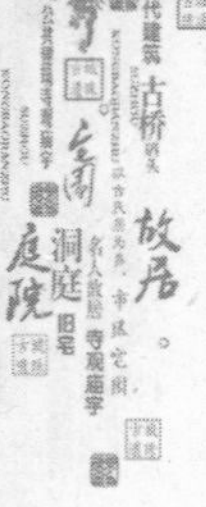

马大箓巷师俭园季宅

控保档案：编号为047，季宅，位于马大箓巷37号，乃清代建筑。

季宅在马大箓巷37号。马大箓巷是一条东通王天井巷、西接中街路，宽只有二点五米、长只有二百四十一米的小巷。马大箓巷原为弹石路面，现为水泥小六角道板路面，不知怎的，苏州人都把它读作"马达头巷"。

马大箓巷既短且小，但是标标准准一条苏州古巷，矮闼门、石库门鳞次栉比，古建筑、老房子比比皆是。《宋平江城坊考》说：马大箓的出典可能是南宋名相马光祖。以此算来，马大箓巷至少是位"千岁爷"了。如若不信，巷内的9号和11号周宅、37号季宅都是控制保护古建筑，谅来文物保护部门不会瞎定。

1995年1月陈晖主编的《苏州市志》载：马大箓巷37号季宅，坐南朝北，三路五进。西路的鸳鸯花篮楼厅较为别致，面阔三间十一米，进

深十二点一米，前出两厢。楼西有庭院，以小型山池为中心，环以亭、阁、轩、廊。中路五进，有清道光二十八年（1848）款门楼两座。

马大箓巷37号的季宅，始建于清道光年间，主人姓季，大名不知。季宅面积约一百八十平方米。门厅是船篷轩接茶壶档轩。《营造法原》上说船篷轩是指在轩梁上支立两根矮童柱，用童柱承托月梁，梁的两端刻槽，置双轩桁，形成船篷形篷顶。茶壶档轩则是比较简单的一种轩屋顶形式，它是在步柱与廊柱的廊川上，直接由廊桁和步枋承接茶壶档椽（茶壶档椽的弯曲突起部分相似于茶壶盖），然后在椽上铺筑望砖而形成的篷顶。

宅内有纱帽厅、花篮厅等。双花篮鸳鸯楼厅减去了前后四只步柱，代之以四只雕刻精美的下垂花篮做装饰，美化了居室，实乃苏州鸳鸯楼厅的典范。

中路为五进，大厅、楼厅前各有一座道光戊申年（1848）精致的砖雕门楼，题额分别是“师俭贤后”和“慎修思永”。“师俭”意为以俭为师，“贤后”乃勉励后辈保持俭朴，做人贤能。“师俭贤后”门楼的上枋三等分，有四个浮雕花结，其余大部分素平。上枋两侧装有荷花头、挂牙，下沿有统长的藤景砖雕挂落，非常精美。中心部位的中枋，也分为三段，中段是“师俭贤后”字牌，左右两段是近似方块的兜肚。兜肚里有镂空雕刻两出戏文。字牌和兜肚镶边的外沿还有大镶边。大镶边再把字牌和兜肚框在里面。下枋左右两边有四个回纹花结浮雕。中间是镂空雕刻的亭廊、峰石、树木、园林景色，还清晰可见游客徜徉其间。

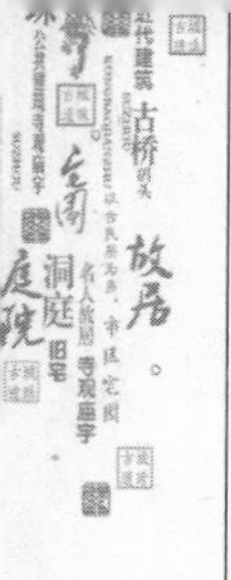

一般来说，苏州控保建筑都在正落的后部或东部栽种花木、铺草砌路、挖池叠山、建造廊榭，季宅却打破常规格局，在正落的西面，建了个一百平方米左右的“师俭园”。园里挖了个直径五米的圆形池塘。以圆形水池为中心，环建船厅、书房、两只小方亭，还有阁、轩和曲廊。曲桥弯曲于水面之上，给人以源远流长的感觉。庭院栽上了桂花，营造了悠闲的环境。进园不在南面，而是从北面进去。苏州人谓之“反迁式”。现宅园已卖给私人，生人免进。

（郑凤鸣/文　倪浩文/图）

高师巷张氏宅园

控保档案：编号为045，张宅，位于高师巷22、24号，乃清代建筑。

张宅在高师巷22号和24号。张宅三路三进，有大厅、楼厅、船厅、花篮厅，建筑结构完整。两座砖雕门楼，一座为清同治八年（1869），题额“居安资深”。20世纪50年代后由高师巷粮店使用。

高师巷东通王天井巷，巷口有座方广桥，西接中街路，全长只有二百六十七米，宽只有四米。古巷两侧粉墙黛瓦、幽深古朴，是一条标准的苏州古街巷。

据《吴门表隐》称：宋高俅墓在横塘。明万历中，士人赵应奎葬亲横山山北，掘地得古碣，云其宅即今高师巷，则以巷之得名归诸高俅。虽然据此可知高师巷至少是位“千岁爷”了，但是高师巷人都因为高俅是个大奸臣、祸国殃民，所以都唾弃他。如果有人到高师巷访古，问：“高师巷是因为高俅而得名的吧？”回答者几乎异口同声地回绝：“瞎说！”

那么，高师巷是否因

为有高人或者高才的师长而得名呢？有的。《宋平江城坊考》引用旧志称：高定子（1177—1247），宋邛州蒲江人，字瞻叔，号着斋。宋嘉泰二年（1202）举进士，授端明殿学士、佥书枢密院兼权参知政事。退居吴中，高师巷有其故居，深衣大带，日以著述自娱。卒谥忠襄。曾修孝宗、宁宗《日历》。有《着斋文集》《北门类稿》等。巷由此得名。高师巷人颂扬高定子，并且以高定子引为自豪。居民们会侃侃而谈高定子的学识渊博、知书达理、著述颇丰、聪明睿智，但是肯定闭口不谈高俅与高师巷的传闻。

高师巷因其古远，所以古建筑、老房子特别多，矮闼门、石库门也不少。张宅就是一个典型的例子。

高师巷张宅建于清嘉庆年间，现存坐北朝南二路，建筑面积约九百六十六平方米。中路三进。第二进为大厅，硬山顶，面阔三间十米，进深六檩八米，扁作梁，前设弓形轩，台基高三踏步。南出两厢。末进为楼厅。有两座砖雕门楼，其中的一额即“居安资深”，署同治八年（1869）款，另一门楼署嘉庆年款，题额不知。“居安资深”语出《孟子·离娄下》：“君子深造之以道，欲其自得之也。自得之则居之安，居之安则资之深，资之深则取之左右逢其原，故君子欲其自得之

也。”简言之，则“居安”，指处于安宁的环境；“资深”，指蓄积深厚。居安资深也可以解释为阅历丰富，资格老，引申为安心学习，造诣很深，后以“居安资深”形容掌握学问牢固，而且根底深厚。西路三进，末进为楼。东路有船厅、花篮厅各一。花篮厅前设鹤颈轩，垂篮雕饰较精。东路有砖雕门楼和花篮厅各一座。

（郑凤鸣/文　倪浩文/图）

景德路某宅鸳鸯厅

控保档案：编号为097，某宅鸳鸯厅，位于景德路221号，乃清代建筑。

景德路某宅位于景德路403号金门小学内，仅存清代鸳鸯厅。宅史不详。

该鸳鸯厅坐北朝南，面阔三间七点七五米，进深十二点七米。两部分均为圆作梁，回顶，北半部有蜂头雕四时花卉，南半部无雕饰。前有鹤颈一支香轩遗迹，但仅见桁梁，不见弯椽。

据此厅不远，尚有古银杏一株，已有五百二十余年矣。

目前此厅作倪淑英烈士纪念馆。

倪淑英（1916—1943），女，又名宋维，松陵镇人。民国十七年

（1928），考入苏州女子师范，毕业后在金门小学任教。抗日战争爆发后，倪淑英回家乡从事抗日救亡运动，编印抗日刊物，演出《放下你的鞭子》等街头剧。日军侵占吴江前夕，她到严墓纽汇小学任校长，在农民中进行抗日救国的宣传活动。1937年11月，她和家人一道离开吴江向浙西撤退，年底到达湖南长沙，再赴汉口。1938年春，经教师罗琼介绍，倪淑英取道西安赴延安，入陕北公学学习，加入中国共产党。学习结束后，分配到陕北栒邑县织田镇工作。翌年底，进入晋察冀抗日根据地，先后担任冀中公安局秘书副主任、机要秘书、晋察冀公安局秘书主任等职。1943年秋，日军对晋察冀边区发动扫荡。倪淑英正怀孕，不能随大部队行动，组织上决定让她留下，参加战斗小组在山区活动。10月11日夜，倪淑英和战友们宿营在涞源县桦木沟村时，遭到敌人包围。她坚守阵地掩护战友撤退，终因弹尽无援，于12日凌晨身中八弹壮烈牺牲。反扫荡战斗结束后，部队在河北省阜平县石家寨为倪淑英等革命烈士召开追悼大会。倪淑英是金门小学的骄傲，在该校校歌中对此事迹也有体现。

（倪浩文/文、图）

朱马高桥吴学谦旧居

控保档案：编号为093，吴学谦旧居，位于朱马高桥下塘3号，乃清代建筑。

朱马交桥，又名朱马茭桥，清代更名朱马高桥。朱马高桥下塘3号为吴学谦旧居。

吴学谦，1921年12月19日出生于上海市。在中学阶段，他开始接触左翼作家的作品，创办了校内文艺刊物，积极参加抗日救国活动。1938年10月任上海学生界救亡协会格致公学小组负责人。1939年5月加入中国共产党，任中共地下党上海格致公学党支部书记。1940年9月考入上海国立暨南大学，任地下党上海中学区委委员、区委书记。1941年太平洋战争爆发后，暨南大学南迁福建，根据工作需要，他继续留在上海坚持地下党的工作。其间，国民党军队向我解放区发动全面进攻，他参与组织、发动了上海青年学生反饥饿、反内战、反迫害的罢课示威活动和反美反蒋斗争。他还领导进步青年学生深入农村、工厂，到各个阶层中去，扩大了革命影响。1947年5月20日南京发生了游行学生遭国民党反动当局镇压的“五二〇血案”，百余名学生被殴伤和逮捕，他同地下党上海学生运动委员会的同志组织上海学生界发动全市罢课三天，并组织学生北上声援学生运动。1948年4月任地下党上海市委委员。1949年6月任中国新民主主义青年团上海市工委秘书长， 1949年6月起任中华全国民主

青年联合总会派驻布拉格世界民主青年联合会的代表。

新中国成立后，吴学谦曾任青年团（后改为共青团）中央国际联络部副部长、部长，中共中央对外联络部局长、副部长，外交部第一副部长、部长。在中共中央对外联络部工作期间，以世界和平大会中国分会代表的身份多次参加日本反对原子弹爆炸大会，并曾出访非洲、西亚的许多未建交国家，开展人民外交的活动。担任国务委员兼外长期间，曾访问朝鲜、马来西亚、日本、埃及、肯尼亚、赞比亚、罗马尼亚、法国、联邦德国、美国、加拿大、阿根廷、巴西等亚、非、欧、美洲五十多个国家。

吴学谦是中共中央十二届、十三届委员，在十二届五中全会上增选为中央政治局委员，第十三届中央政治局委员。2008年4月4日早9点38分，吴学谦于北京逝世，享年八十七岁。

该宅坐北朝南，面阔五间，圆作立贴式木构。南北两进，中为天井，其中第二进的二边间前有夹厢，明间前有砖刻门楼，额“克昌厥后”，署光绪癸卯（1903）款。额语出自《尚书》，为后世子孙兴旺发达之意。

（倪浩文/文、图）

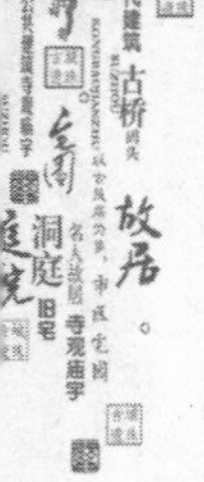

泗井巷燕诒堂吴宅

控保档案：编号为145，吴宅，位于泗井巷32号、十梓街259号，乃明、清代建筑。

泗井巷很长，如果从宋代开始算起，它已经在苏州生活了一千多年了。

说它有一千多年，是因为它的名字和宋代巷内的"四酒务官署"有关，当时是叫"四酒务巷"的。所谓"四酒务"，源出宋时的规定，"酒务官二员者分两务，三员者复增其一，员虽多毋得过四务"。所以苏州当时有酒务官四员，设了四个酒务官署，后来合并为一，称"四酒务"。到了清代，因谐音的关系，讹为了"泗酒巷"。再后来又写成"泗井巷"，一直沿用至今。

泗井巷内32号的燕诒堂吴宅是所二路四进的大宅，后门曾经一度可通到十梓街（目前已被砌断）。从它举折平缓、边帖为木础的大厅来看，老宅最早在明代就已经建成了。如今的燕诒堂中路有门厅、大厅和楼厅。大厅前设船篷轩，柱头及梁间置斗拱，山雾云雕刻简洁；正帖各柱承以青石鼓墩。厅内过去还曾悬挂过"燕诒堂"的匾额。目前东西尚存"拥翠""瓜庐"砖额。楼厅前同治庚午（1870）的砖雕门楼题额"燕诒式穀"，左右兜肚雕榴开百子图，和题额文字一样，大致都是子孙昌盛、后代安吉福禄之意。这也是该宅三处门楼中唯一保存完好的门楼。楼厅有"喜上梅（眉）梢"等砖细楼裙，中有抛枋，雕刻精细。二

楼檐廊有垂篮及弓形轩。外立铁艺栏杆。楼厅上下为策安全，还在楼梯上设有翻门，可供放下。楼下方础、圆础并用，扁作梁雕花卉立体生动。两厢前有卍字飞罩。东西两壁原有砖额，今仅可见“壶冰”一方，下设砖细门宕，雀替设计独特。西路还有花厅、五开间楼房和小庭园。燕诒堂原来规模甚大，今仍有古井两眼、备弄花窗、假山残石及枇杷等绿植。燕诒堂南部曾经一度作为双塔街道的市民会馆，其中的福海雅苑中还曾举行过“苏州道德模范故事汇”等演出。

（倪浩文/文、图）

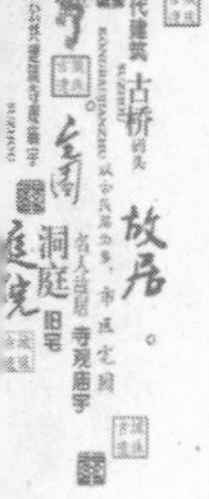

肖家巷桑二房宅

控保档案：编号为312，肖家巷桑宅，位于肖家巷29、31号，乃清代、民国建筑。

桑二房宅位于姑苏区肖家巷31号。据现存界碑可知，宅主原为桑家二房瑞记。现存两路四进。西路第二进门楼已残，第三进前有光绪辛卯年（1891）彭清华所题“厚德载福”门楼。第三进楼厅前有花篮雀宿檐、竹节撑，左右厢外立面有黑红立体装饰。楼下做一支香鹤颈轩，辟八角门宕。东路第三进为带平台的民国小楼，尚存罗马柱头。宅后有井。全宅中西合璧，多用进口彩玻装饰，风韵犹存。

本次公布的名单中，除了31号外还将与迎晓里一弄之隔的肖家巷29号钱宅一并收入作为控保。钱家与桑家据说有姻亲之好。29号现存一路

六进。第三进大厅内有进口瓷砖地坪，后门楼被违章建筑搭建遮挡。第四进起为西式风格楼房，窗檐、雀替、楼裙等处都有花纹，二楼外立面设罗马柱。第五进东为青红砖洋楼，西连楼厅，檐口上枋带砖细楼裙，下枋坠以机械加工木饰，二楼有安妮女王式纹带，内部楼梯柱作莲蓬饰。全宅中西合壁风格鲜明，彰显了原主人的留学背景。2010年时该宅被入选“苏州市第三次全国文物普查十大新发现”。

（倪浩文/文、图）

东美巷晦园花厅

控保档案：编号为274，晦园花厅，位于东美巷17号（市立医院本部内），乃清代建筑。

晦园正门位于姑苏区东美巷17号。始建于清光绪年间，为清政府驻奥地利使馆参赞、举人汪甘卿宅园。因园占地十亩，故又名“十亩园”。有鱼池假山、长廊逶迤，并有铁骨红梅花、数片竹林和牡丹花坛，洋房三间掩映其中。后曾为叶公绰所得，易名“凤池精舍”，吴湖帆曾为之作图，柳亚子还在画上题绝句三十首之多。20世纪80年代普查时尚存楠木花篮厅、轿厅、半亭。2007年市立医院重修晦园，营建大厅“博爱堂”，补植花木，叠山浚池筑桥，并改园名为“晖园”。

园中大厅采用典型的苏式做法，外设轩廊，脊桁有山雾云，前后分

别为鹤颈轩和船篷轩，厅西小园风貌可人。园门附近有两百年以上大雪松等“古园旧人”。

（倪浩文/文、图）

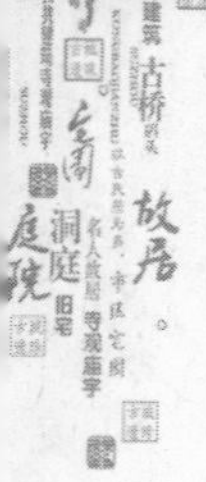

仓街116号回顶花厅

控保档案：编号为277，仓街116号花厅，位于仓街116号，乃清代建筑。

花厅位于姑苏区仓街116号。宅史不详。为回顶结构，扁作梁下设荷叶墩，逢柱见斗，穿斗梁，带夹樘板。梁垫间有棹木，雕刻金鹊报喜、鱼化龙跃龙门等图案，形象逼真，兼有寓意。前存古井一口。花厅，旧式住宅中大厅以外的客厅，因多建在跨院或花园中而得名。从此宅现存的情况看，推测当为旧宅的花厅部分。

（倪浩文/文、图）

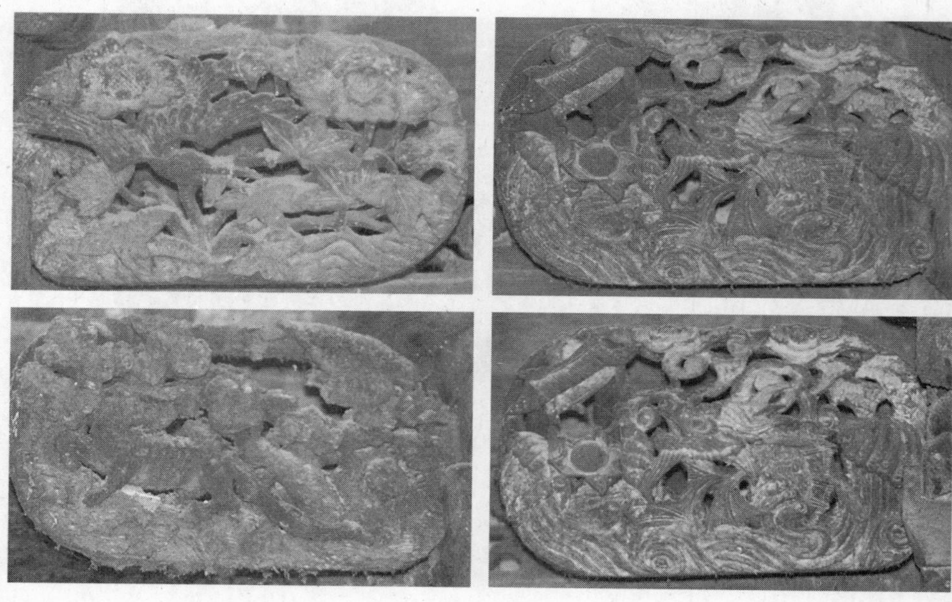

泗井巷林佰榕故居

控保档案：编号为280，泗井巷林宅，位于泗井巷34号，乃清代建筑。

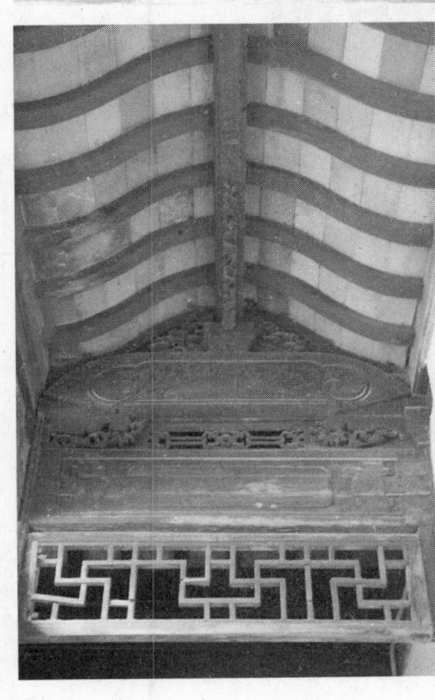

进，分别为门厅、轿厅、船厅、偏厅、附房。船厅为五界回顶。林宅规模较大，建筑不苟，属于晚清较典型的优秀住宅。

（倪浩文/文、图）

木渎南街冯秋农宅

控保档案：编号为304，冯秋农宅，位于木渎镇南街43号，乃明代建筑。

冯秋农宅位于木渎镇南街43号，为明晚期建筑。现存墙门、大厅、楼厅及附房。

大厅内四界，逢柱见斗，原有棹木，现仅见残痕。荷叶墩雕刻细腻。灯挂处有方胜彩绘。左右承半窗，下设栏杆。

大厅后原存砖雕门楼。上枋浮雕四仙鹤、祥云、三“寿”字，谐音“添我高寿”。字牌作“贻厥孙谋”。语见《尚书·五子之歌》：“明明我祖，万邦之君，有典有则，贻厥子孙。”《诗经·大雅·文王有声》：“诒厥孙谋，以燕翼子。”故苏州门楼多有题以“燕翼诒谋”者，皆是取为子孙的将来做好安排之义。下枋浮雕鱼化龙，鲤鱼、龙门、水浪以

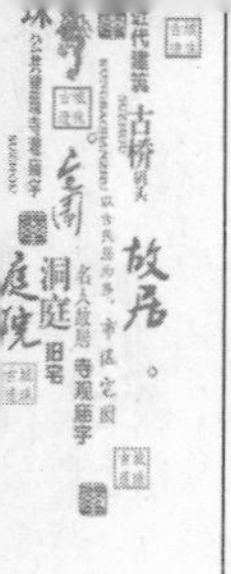

及作为陪衬的螃蟹，靡不雕刻传神，充满动感。左兜肚雕刻鹭鸶、莲花，谐音“一路连科”。右兜肚雕刻凤凰、牡丹，意为“丹凤朝阳”，并衬以象征清高有节的修竹。两侧另有垂莲柱。整个门楼技法高超，堪称吴中砖雕门楼的代表。

门楼天井之后有楼厅，带副檐，前设船篷轩。左右有厢房。

此宅民国时属冯秋农所有。冯是木渎小学教师，参加过五四、五卅运动，著有《国耻写真记》《白雪》等，还主编过《木铎》。《木铎》，民国八年（1919）7月6日创刊，八开版。刊物文字质朴，极少浮言。民国十三年（1924）5月24日停刊，共出二百一十四期。为吴县乡镇出版的第一份周刊，发行范围一度北至奉天，南达桂粤，可谓影响深远。

（倪浩文/文、图）

盛泽北分金弄李宅

控保档案： 编号为309，北分金弄李宅，位于盛泽镇北分金弄19号，乃清代建筑。

李宅位于吴江区盛泽北分金弄19号。建于光绪丙午年（1906）夏四月。一路两进。天井花岗石铺地，尚存门楼，字额“黟山衍泽”，反映出宅主不忘徽州根源的愿望，系沈庚藻所题。沈庚藻，字采侯，号小蒙，别署鱼乡居士，浙江嘉兴人，善书法。

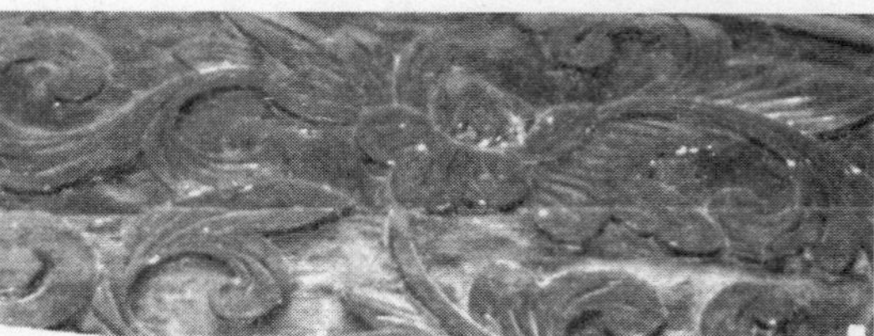

老宅檐口斜撑、窗下栏杆结子、扁作梁均雕有花卉。门楼上有回纹堆塑，上枋设仿木结构牌科，夹樘板也有福寿等图案。

（倪浩文/文、图）

松陵盛家厍新盛街李宅

控保档案：编号为310，新盛街李宅，位于松陵镇新盛街29号，乃清代建筑。

李宅位于吴江区松陵新盛街29号。宅主原为李姓肉铺店主。共有三进。一进为商铺，二三进为楼厅，两侧有厢房，乃供祀祖之所。第

二进前有砖雕门楼，额曰“泽衍五知”，系癸巳仲春（清光绪十九年，1893）由王希梅所题。五知者，知恩、知道、知命、知足、知幸也。楼厅前有方胜铺地，楼下设鹤颈轩，扁作月梁有雕。

（倪浩文/文、图）

平望庙头兴仁堂李宅

控保档案：编号为311，兴仁堂李宅，位于平望镇庙头村13组，乃清代建筑。

兴仁堂李宅位于吴江区梅堰社区庙头村13组。堂名兴仁堂，宅内尚存写有堂名的盛具，宅主原为李姓地主。

该宅坐北朝南，现存一进。门楼已毁。大厅面阔三间，进深七界，方砖铺地，次间有墙裙。前作鹤颈轩，荷包梁、月梁等雕刻细腻，有“八骏”“渔樵耕读”“婴戏”等内容，梁尖雕吉象。正心设山雾云、抱梁云。后作双步。前檐挑梓桁亦有双面雕饰，带有浙派风格。堂前置落

地明瓦窗。东西有带厢房，东厢辟为灶间，半窗下有夔纹栏杆，东侧设备弄，置后门。

（倪浩文/文、图）

北厍树萱堂柳书城宅

控保档案： 编号为319，树萱堂柳宅，位于黎里镇北厍厍源街476号，乃民国建筑。

树萱堂柳宅位于吴江区北厍厍源街476号。

清代，分湖柳氏为避战乱，自浙江慈溪迁入，一支居东村，一支居北厍港（镇区）。其第十一世柳昌霖，举清同治庚午科孝廉，娶同里镇金氏女，生二子，柳昌霖所建宅第，俗称柳家墙门，有堂楼亭台及花园，时称绿荫堂。柳昌霖次子柳文海无意经商从政，于民国五年（1916）迁苏州干将坊，不久后，失火而毁，民国八年（1919），柳文海于绿荫堂西侧重建新堂，为怀念母亲金氏，取名树萱堂，后人亦称新厅。此宅后归柳书城所有。柳书城，字景明，号无痴，有女嫁与国民政府芦墟区区长凌元培。1942年日军在北厍扫荡，在此关押了被捕的平民两百多人，并将其全部杀戮于宅东北侧的荷花池内。柳书城父子及保姆也遭此厄

运，命丧本宅。

新中国成立后，此处一度曾作为小学的校舍、北厍乡（镇）党委及政府的办公用房和招待所。

2000年年初，经镇文化站申请，镇党委、政府将树萱堂拨给文化站。文化站多处收集旧式门窗和木料，以旧修旧，并一度作为午梦堂纪念馆对外开放。费孝通还曾为午梦堂陈列馆题词：“分湖诸叶叶叶交辉。”

现存的树萱堂柳宅楼厅面阔五间，前有海棠铺地，一楼前为鹤颈一支香轩廊，内设扁作雕梁。次间海棠纹半窗内雕有莲、梅、兰、竹、菊等各式植物，绦环板雕二十四孝，可以辨识的有“卧冰求鲤”“亲涤溺器”“孟宗泣竹”“恣蚊饱血”等故事。二楼设万寿栏杆。楼厅纵头脊与哺鸡脊并用，左右有垛头堆塑，山墙带墙钉。

树萱堂柳宅建筑虽属部分移建，但借此保留的半窗雕刻精细，多次髹漆不损细节，加之本身又是一处日军侵华的见证，故有着多重的保留价值。

（倪浩文/文、图）

震泽梅场街仰宅

控保档案：编号为316，梅场街仰宅，位于震泽镇梅场街潭子河17号，乃清代建筑。

梅场街仰宅位于吴江区震泽梅场街潭子河17号。现存三进。一进后砖雕门楼作“凤翔千仞”，兜肚等雕刻戏文，须弥座精雕“平升三级”等图案。正厅两厢撩檐砖雕及正间檐口柱头雕饰繁缛。正厅扁作梁雕凤穿牡丹，长窗裙板雕有八仙。后园有眉毛天井，植有芭蕉。全宅做工细腻，保存较好，有明显的浙派风格。

（倪浩文/文、图）

震泽梅场街仰宅

—洞庭旧宅—

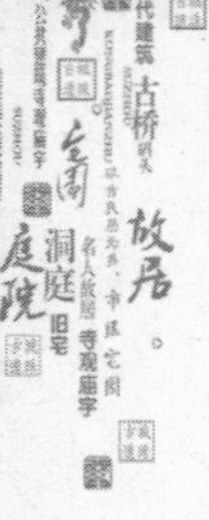

东村大宅学圃堂

控保档案：编号为262，学圃堂，位于金庭镇东村，乃清代建筑。

学圃堂位于东村西上48号，为一处中小型的民居。学圃堂的堂名出自《论语》，比喻文人也要学习务农，才能更加全面。现存门屋、门楼、大厅。大厅面阔五间带夹厢二十一点五米，进深七檩带后双步廊十一点六米，外观为两坡苏瓦硬山顶，屋面曲线平缓，厅内方砖正纹铺地。梁架圆作抬梁式，结点用瓜柱榫卯连接承檩，檩下设雕花连机，上敷方椽。金柱高四米，底径零点二五米，下垫花岗岩鼓墩形柱础，柱头与五架梁直接用榫卯连接。边贴为穿斗式，柱间分别用短月梁及穿插枋攀连，梁及枋间铺夹樘板，大厅后廊及边厢均用栅板隔断。大厅出檐较深，檐高三米，檐柱出一斜撑支撑挑檐枋和挑檐檩，檩下用雷公柱，柱头雕垂莲，斜撑杆为海棠曲线形，底部设半丁头拱及麻叶云耍头，其做工精细，颇有特色。厅前按六抹头落地长窗。夹厢为两层小楼，上层缩进半架，设有槛窗，两厢间为庭院，正对大厅有砖雕门楼一座，筑皮条脊，其枋、

拱等构件均仿木制作，正中匾额刻“长发其祥”四字，肚兜刻花鸟，下枋雕“笔锭胜”图案，两边垂莲柱全毁。门屋体量较小，结构基本与大厅相近。学圃堂保存基本完整，现仍为村民居住使用。

（邹永明/文　倪浩文/图）

树兹济美绍衣堂

控保档案：编号为263，绍衣堂，位于金庭镇东村，乃清代建筑。

绍衣堂位于东村西上33号，现存门厅、门楼、大厅三处建筑。大厅面阔五间十六点八米，进深七檩八点一米，前后带廊。外观为两坡苏瓦硬山顶，屋面平缓，厅内梁架扁作，用荷叶墩，连机，三架梁正中用

荷叶墩，上设斗拱出两跳承托脊檩，两侧饰抱梁云及山雾云，梁底刻双线弦纹。边贴为穿斗式，用扁月梁、穿插枋攀连，铺夹樘板，边间用栅板隔断，柱高三点二五米，底径零点三米，柱下垫青石扁鼓柱础，径零点四五米，柱头置栌斗，并出麻叶云耍头、丁头拱，镂空蜂头承托大梁。大厅损坏较为严重，屋面多处漏雨，致使脊檩朽烂，大梁糟朽断裂，随时都有倒塌的危险。厅内门窗也全部破坏殆尽，正对大厅的砖雕门楼朴实无华，除上、下枋两端刻有回纹，其余均为素面。门厅面阔三间，结构比较简洁，梁架圆作，顶部已为后期改建。绍衣堂的堂名出自《书经》，比喻承继旧闻善事，奉行先人之德化教言。堂中的砖雕门楼字牌已毁，依稀辨认似“树滋济美”，落款为春田周锷，经查周锷官至苏州知府，号春田，乾隆五十二年（1787）进士，善画竹，尤精书法。

（邹永明/文　倪浩文/图）

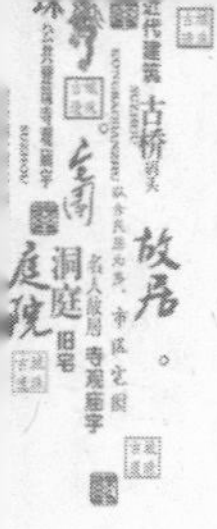

门枕精美源茂堂

控保档案：编号为266，源茂堂，位于金庭镇东村，乃清代建筑。

维善堂（或称源茂堂）位于东村西上13号，现存大门、门厅、门楼、楼厅、后楼等建筑，除楼厅保持原貌，余均进行改建，但其主要结构未变。大门面阔一间，为将军门式样四抹头边框，上有门簪，下设方形门枕石，浮雕动物花卉，门垛头为福字图案。门厅面阔三间十一米，进深七檩五点二米，圆作抬梁式结构，现已作为小店。楼厅面阔三间十一米，进深十檩前带双轩八点六米，大梁扁作，两端有剥腮，直接于金柱泥槽中，梁底略有琴面刻花卉图案，边贴脊柱及下金檩柱落地，柱

间用扁月梁连接。大厅前置双轩，均为船篷式，用短月梁，梁肩置坐斗，连机，梁两侧刻“仙鹤祥云”包袱锦图案，梁底呈琴面刻双线弦纹。金柱高三点一米，底径零点二米，下垫青石鼓形柱础。厅内方砖正纹铺地，前设满天星落地长窗。后楼面阔三间十一米，进深七樑七点七米，圆作抬梁式，内部装饰及墙面均已改建。楼厅前门楼已毁，改建成水箱。

（邹永明/文　倪浩文/图）

天胙蕃昌凝翠堂

控保档案： 编号为267，凝翠堂，位于金庭镇东村，乃清代建筑。

凝翠堂位于东村西上84号，原有门厅、楼厅及门楼两座，现仅存楼厅及门楼一座。楼厅面阔三间带厢房十七点八米，进深九檩前轩后廊十

点五米。扁作梁承重，两端有剥腮，直接榫卯于金柱泥槽中，梁底略有琴面，两侧刻双线弦纹，承重中部出圆作横梁一根以承楼板。前轩为双檩船篷轩，轩梁肩置坐斗、连机承轩檩及荷包梁，梁两侧均刻双线举纹，金柱高三点三米，底径零点二八米，下垫青石鼓墩，厅内方砖斜纹铺地，前设满天星落地长窗，夹堂板、裙板均刻有花卉图案，楼上为圆作抬梁式结构。楼厅两侧夹厢小楼，楼上缩进半架，设槛窗。楼厅前砖雕门楼为牌楼式，面阔一间一点三米，上筑皮条脊，其斗拱、方椽、额枋、垂莲柱等均为仿木制作。门楼砖雕十分精致，上枋浮雕“五鹤祥云”图，下枋浮雕“鲤鱼跳龙门”，肚兜透雕人文故事，匾额题“天胙蕃昌”四个字，两侧垂莲柱为方形，下端雕有仰莲及覆莲，整座门楼保存十分完整。

（邹永明/文　倪浩文/图）

破旧立新敦和堂

控保档案：编号为264，敦和堂，位于金庭镇东村，乃清代建筑。

敦和堂位于东上105、107号，敦和堂为一处体量较大的清代民居建筑，原占地约一千两百平方米。原为二路四进，现仅存大厅、后楼及东路的住宅楼。敦和堂的堂名出自《礼记·乐记》："乐者敦和，率神而从天。"大厅面阔三间十二米，进深十檩十一点二米。外观为两坡苏瓦硬山顶，设青石台基。厅内为抬头轩贴式，方砖正纹铺地，大梁扁作，做工精细。五架梁梁肩置坐斗、连机承三架梁及上金檩，三架梁梁背置坐斗，出拱两跳加连机承脊檩，脊檩设抱梁云和镂雕双凤呈祥图案的山雾云，梁底及两侧刻花卉及变体云纹。边贴制作也十分考究，其结构与装饰基本与大梁相同。金柱高四点二米，底径零点三八米，青石鼓墩形柱础，柱头设栌斗，惜丁头拱、棹木、蜂头均已毁，仅可见外露的榫眼。

大厅前面设落地长窗。后楼两幢并列，各自成院，结构基本相同，但其墙门与大厅不在同一轴线上，分别与大厅的边间相对。东后楼已毁，西后楼面阔三间带夹厢十二点一米，进深十二点八米，梁架圆作，设槛窗。大厅前砖雕门楼，为仿木构牌楼形式，有斗拱、枋子、垂莲柱、飞檐等。匾额刻“友于笃庆”四字，肚兜及上、下枋深雕的人物典故大多已被敲毁。东路门厅已毁，仅剩面阔二十六点六米、进深八米的朝西住宅楼一幢。

（邹永明/文、图）

堂匾犹在凝德堂

控保档案：编号为258，明月湾凝德堂，位于金庭镇明月湾村，乃清代建筑。

凝德堂是秦家老宅，亦是清乾隆年间造。凝德堂现居住秦家老太及女儿，儿子秦根龙及媳妇居住于老宅原址上新建的二层新式楼房。凝德堂秦家与礼耕堂吴家是姻亲。凝德堂坐西朝东，占地四百六十平方米，建筑面积三百一十五平方米（不含二楼），主要包括客厅、厨房、餐厅、庭院、卧室、天井等。

凝德堂具有几点明月湾古村中其他老宅不多见的特色。第一，是明月湾所有老宅中，唯一保留完整原构堂匾的厅堂，白底黑字，苍劲厚实的书法，透露出一股朴实沉稳的家风。第二，堂中保存了数量较多的明式家具，有灯挂椅、罗锅枨方桌、平头案、条案、圆角柜、拔步床等，

不但线条优美，保存得也相当良好。第三，保存了一块“金砖”，也就是御窑烧制而成的大型方砖，在其侧面，可辨认出“乾隆八年成造一尺细料金砖”，据堂中老太太说，这是因宅主人于清朝带兵打仗立了战功，皇帝赏赐了这块金砖，且不论其真实性，但金砖确实是非平凡人家所能得之物，现在民间保存很少。

（邹永明/文　倪浩文/图）

善继人志汉三房

控保档案：编号为259，汉三房，位于金庭镇明月湾村，乃清代建筑。

汉三房也是秦家老宅，为秦家“汉”字辈兄弟中的老三所建，故得名为汉三房，原有五进，现存三进，是明月湾现存最精致、档次最高的古建筑。从外观看，三进一进高于一进，有着“步步高升”的意味。现存的三进已分别属于四家主人，第一进为黄家所有，第二进为胡家所有，第三进则分别为秦、吴两家所有，皆无人居住，荒烟蔓草，情景凄凉。

汉三房每一进入口皆有一座砖雕门楼。第一进门楼字牌已湮灭不清，第二及第三进则分别是“克昌厥后”及“善继人志”，第二进并可看出乾隆字样的落款。如以五进来推算，现存的三进依序应是轿厅、大厅、堂楼，而现已无存的二进则应是后楼及后屋。三进皆是二层楼建

筑，在第一进中可看到太湖地区建筑非常特殊的“琵琶撑”结构，也就是屋檐下的斜撑，兼具实用与观赏价值。第三进的堂楼是明月湾罕见的面阔五间的建筑，加上高约五米、宽约三米的砖雕门楼，看来显得气度恢宏。较特别的是它的楼梯是置放于堂楼入口右侧的落地长窗之后，与一般习惯置于屏门之后有所不同。

（邹永明/文、图）

厚德载福瞻禄堂

控保档案：编号为254，瞻乐堂（实为瞻禄堂），位于金庭镇明月湾村，乃清代建筑。

瞻乐堂（实为瞻禄堂），吴家老宅，位于瞻瑞堂南侧，建于清乾隆年间，吴家老宅，坐北朝南，建筑面积七百五十四平方米。格局与瞻瑞堂类似，布局尚完整，部分建筑已毁，但沿街外墙面保存尚好，使得周边传统街巷风貌保存较完整。2005年被公布为苏州市控制保护建筑。砖雕门楼基本完好，字牌“厚德载福”，系乾隆戊子冬蔡扬宗所书。

（邹永明/文　倪浩文/图）

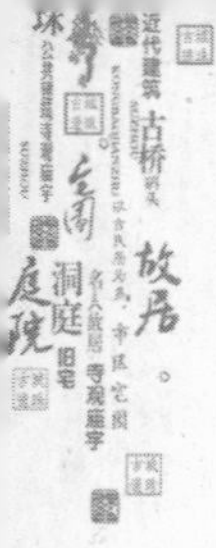

美矣危矣容德堂

控保档案：编号为252，容德堂，位于金庭镇堂里村，乃清代建筑。

容德堂位于原堂里村2组，建于清乾隆时期，占地面积约两千平方米。原为与省保文物仁本堂雕花楼主人徐洽堂、徐赞尧同宗的徐氏等所有，后一度作为酒厂仓库使用，2004年调查时为徐培德等所有。

容德堂门厅带斗三升牌科，中有水浪纹夹樘板。左右设竹节纹须弥座勒脚，开方内为文房清供、宝瓶、平升三级等浅浮雕。砖细花卉垛头，挑檐内侧有垂篮柱，整个门厅前为扁作鹤颈轩，后为圆作船篷轩，造型颇为小巧，有鸳鸯厅的意趣。正厅格制较高，逢柱见斗。前设鹤颈、船篷二轩，中有山雾云、抱梁云，后亦为船篷轩。前有卍字栏杆，半窗绦环板有葡萄等内容的雕饰，左右砖额文字被“文革”时砸去。后设砖雕门楼，上枋亦有仿木牌科，字额为纸筋涂没，字宕框设纹饰。此宅原有花篮楼厅，笔者前往时已坍塌过半，前雀宿檐竹节撑、砖细楼

裙及仅有部分残存矣，方柱花篮四面有卷草纹雕刻，但也破败不堪。容德堂二进书房及两厢蟹眼天井均有黄石假山，造型轻盈，书房前原来还有芭蕉、砖细字额。二楼为冰纹窗，合寒窗苦读之喻。二进后门楼为皮条脊样式，有明后遗风。以上数间目前已成危房，无人居住。唯一有人居住的是东路。楼厅前有花坛，种植南天竺。楼厅设雀宿檐，方柱方础，前有船篷轩，宫式长窗。二楼半窗有明瓦残留。

该宅体量较大，二纵轴横向展开。建筑工艺质量较优，如竹节楼梯、五岳马头墙、八角花窗等做法很有苏式特色，但可惜的是目前损毁较严重，特别是花篮厅和西墙，亟需整修，否则离消失之日真屈指可数焉。

（倪浩文/文　邹永明、倪浩文/图）

惟德如馨遂志堂

控保档案： 编号为253，遂志堂，位于金庭镇堂里村，乃清代建筑。

遂志堂位于堂里村花园巷，沁远堂正门斜对，而沁远堂的照壁正嵌于遂志堂的院墙。遂志堂建于清代，堂名出自《易·困》：“泽无水，

困，君子以致命遂志。”“遂志”的意思是实现志愿，满足愿望。遂志堂原有东门和南门，现南面有后砌的一门。

（邹永明/文　倪浩文/图）

秦御史第宅麟庆堂

控保档案：编号为226，麟庆堂，位于东山镇新丰村，属明代建筑。

麟庆堂位于东山镇人民街南面的新丰村东山煤球厂后，建于明代，为阳桥头秦氏祖传第宅，建筑面积四百一十平方米。2005年被列为吴中区控保建筑。2010年公布为苏州市控保建筑。

东山秦姓有阳桥头、三山、秦家涧沿等三支，明清两代出过进士、举人及布政使、知府、县令等官员。麟庆堂为阳桥头秦氏秦大夔的故居。秦大夔，字圣卿，号春晖，明代东山人，明万历八年（1580）进士，官至陕西右布政使。秦大夔父亲早年至山东临清经商，遂定居临清，在清光绪《临清县志》中，记载有秦大夔的传记，为山东临清历史上所出的三位御史之一。他在任上清钱谷、宽徭役，秦人颂其德。《临清钞关碑》是秦大夔撰写的一块碑石，今仍保留在临清运河旁。临清地处山东西北部，自古以来就为运河交通要道。明朝宣德年间，朝廷在临清设置钞关，作为征收过往船只税与商税，秦大夔在任上所撰的这一碑

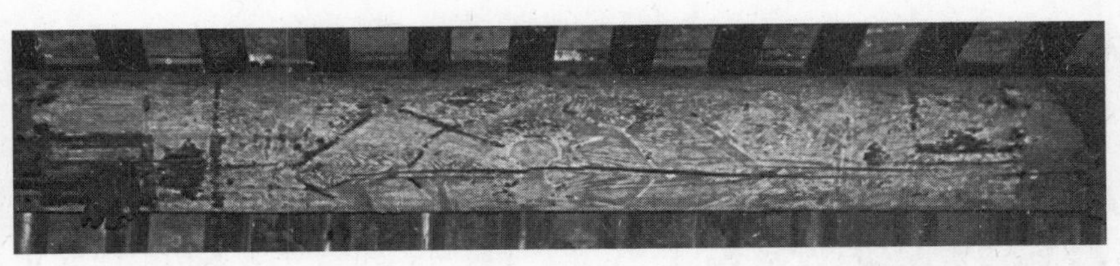

石，现为临清的一处重要文物。在山东临清民间，流传有“秦孝子侍母”的故事，说秦大夔官至御史后，省亲归家仍跪拜母亲，亲端茶饭侍候双亲，在民间传为孝子楷模。

麟庆堂虽没有记载明确的建造年代，但从其构架判断为明代建筑，可能为秦大夔中进士后所建。该宅原规模不小，从现存遗址看，中轴线上有门屋、门厅、大厅、前住楼、后住楼、花园等建筑；东路有备弄、花厅、书厅等房屋；西侧因建起了大片民房，已看不出原貌，估计也应有一路建筑。目前麟庆堂仍保存有大厅及前、后住楼三进房屋。大厅恢宏，硬山博风造，两坡苏瓦顶。面阔五间，进深七檩。构架为内四界后双步形式。内四界大梁扁作、抬梁式。山界梁背设荷叶墩，置牌科承机檩。山尖设山雾云，脊檩施彩绘，仍较清晰，绘有各种吉祥图案。梁柱结构，用料粗壮，制作形体，上部稍细，下部稍粗，有稳重感。柱头有复盆形卷刹，线条柔和。金柱圆作，下垫覆盆形木鼓墩，木鼓墩下石柱础巨大，为一般明清建筑中不多见。

前住楼面阔五间带两厢，进深七檩前后置廊。楼面深度小于底层半步架，左右厢房反而悬出半步架。内四界构架扁作，抬梁式。明间脊檩施彩绘，图案明晰。楼上西间保存有明式隔樘，楼前面置小方格明式木半窗。在结构上具有明代建筑特征。整座大楼虽历经三百多年，构架仍十分完好。后住楼亦面阔五间，进深七檩。步柱下设扁鼓形木鼓墩。上层为内四界大梁扁作，抬梁式，脊檩施彩绘，其结构及规制与前住楼相同。

麟庆堂最后一代主人名秦守章，因早年在沪经商，其后裔现分布在上海、苏州、无锡等地。新中国成立后，麟庆堂先后做过东山煤球厂和文化站袜厂等。大厅因长期作煤球厂轧煤车间，四壁及地面损坏严重，现空关。前住楼出租给人作旧木仓库，一旦失火，后果不堪设想。后住楼为秦氏后裔所居，得到较好保护。

麟庆堂系目前东山地区保存不多的明代建筑，对研究明代住宅建筑有一定的价值。现大厅与前住楼均急需修缮和管理，应采取政府或售给有识之士修缮等举措，真正把这座控保建筑保护起来。

（杨维忠/文　倪浩文/图）

严家淦岳父之家尚庆堂

控保档案：编号为229，尚庆堂，位于东山镇典当弄7号，属明、清建筑。

尚庆堂位于东山镇西街典当弄7号，住楼属明式建筑，大厅、花厅、书楼为晚清建筑。刘守之祖传第宅。2005年被列为吴中区控保建筑。2010年公布为苏州市控保建筑。

刘氏南宋时迁居东山，始居岱松村岱心湾，明代嘉靖年间起，东山人行贾四方，形成著名的钻天洞庭商帮，岱心湾刘氏也因经商方便，迁居镇上叶巷、西街等地，明清时在镇区先后建有安怀堂、尚庆堂、仁寿堂、永锡堂、慎辰堂等第宅。尚庆堂是台湾地区领导人严家淦第二任夫人刘期纯的故居。

严家淦娶过两位夫人，都是洞庭东山人。1922年6月，尚在上海圣约翰大学读书的严家淦，遵父母之命，在苏州城内包衙前余庆里严宅同东山十九岁的叶淑英小姐结婚，是年还只有十八岁。这是安仁里严氏的祖规，凡严家子弟，不管从政、经商、问医，身处天南海北，必娶东山小姐为妻，以延承其山上血统。叶夫人才貌双全，惜天不假年，双十年华竟因难产而不幸离世。严家淦的第二位夫人名刘期纯，又名刘珍，东山岱心湾刘守之千金，还是他的远房表妹。刘夫人比丈夫小三岁，完婚时只有十七岁。1924年12月在上海结婚。当时在上海的上流社会已盛行文明结婚，可严家淦夫妇在父母的严命下，一个身着长袍马褂，一个头戴凤冠霞帔，奉行跪拜古礼。两人的美满良缘从青丝到鬓霜，恩爱和谐七十年，生有隽华、隽荣、隽森、隽菊、隽同、隽泰、隽建、隽芸、隽荃五子四女。1946年5月，严家淦奉命任台湾省政府委员兼“财政厅长”，刘期纯率子女随丈夫定居台湾。1975年严家淦选任台湾地区领导人，恰巧为夫妻“金婚”之年，双喜临门，刘期纯身穿古式旗袍，同丈夫严家淦合影后扩印了多张彩照，分送海内外亲友。

刘期纯对故土怀有深厚的感情，在台北家中如今还保存着她出嫁时，父母陪嫁的官橱官箱、子孙桶、红漆竹丝篮等全套当年从大陆上带去的嫁妆。1971年12月，她随丈夫一起参加江苏文献社在台北召开的座谈会，她还谈到了“东山的风土人情与掌故”，言及东山尚庆堂故居、岱心湾父母坟墓，流露出无限眷恋。2008年10月25日，次子严隽泰遵照母亲遗嘱，赴大陆探亲期间，在有关人员的陪同下至尚庆堂瞻仰了母亲生活过的故居，严隽泰夫妇还来到东山西坞外祖父刘守之夫妇墓前，代母亲培上了三抔黄土。

该宅分南北两路。南路依次有：门屋、大厅、住楼；北路有花厅、书楼等五处单体建筑。门屋面阔三间，进深六檩。大门将军式形式。砷石面雕“鹿鹤同春”图案。大厅面阔三间带两厢，进深七檩。梁架圆作，抬梁式，边贴穿斗式。前檐柱下设提灯形青石柱础，步柱置扁鼓形木柱础。住楼前有皮条脊砖雕墙门，青石门框，青石门楣有“笔锭胜”浮雕。梁架明间左右两缝为抬梁式。金柱上施座斗，斗拱承四椽栿并饰有官帽翅饰件。四椽栿梁背上施单斗只替架上金檩，并承平梁。平梁正中置一斗三升斗拱和连载，架脊檩。梁上不施刻绘，朴素浑厚，两侧则

略带“琴面”。脊檩上施金、红、白、蓝诸色彩绘，有牡丹、笔锭胜天图案。前后檐柱与金柱之间，有扁薄隆背的月梁和穿插枋相互攀连。次间和梢间的梁架为穿斗式，七柱到顶，置“单斗只替”承托檩子。楼下明间设门六扇，为小木组成的“册”字图形。裙板及绦环板上饰类似于门楼上的细直线组成的如意云花纹。楼上梢间以屏门隔断，单独成间。屏门下槛施雕刻，形式类似于“圭脚”，很有特色。

花厅、书楼为晚清所建，均保存完好。该宅2003年已售于吴江商人，并进行了大规模修缮，现保存基本完好。

（杨维忠/文　倪浩文/图）

新中国初期的大会场瑞凝堂

控保档案：编号为232，瑞凝堂，位于东山镇东街殿后弄，乃清代建筑。

瑞凝堂位于东山镇东街张师殿西侧，南为殿场头，北接翁氏耕礼堂，西靠东山著名的殿弄堂。建于清代中后期，席福田祖传第宅。现为房管所公管房屋，租住有十多家居民。2005年被列为吴中区控保建筑。2010年公布为苏州市控保建筑。

瑞凝堂建于清咸丰年间，据说为席氏后建之宅。在离瑞凝堂不远处的翁巷村，有一座瑞蔼堂，房主席永年，其宅为明代建筑，属江苏省文保单位。席永年是席福田的长子，长期在沪从事金融业，20世纪70年代退休后回瑞蔼堂安度晚年，2010年谢世。据说席氏先有瑞凝堂，后有瑞蔼堂。清代咸丰年间，太平军占领了翁巷村一带的房屋，瑞蔼堂被军队辟为马厩，这一房席氏搬到了老宅瑞凝堂居住。其堂原规模不大，加上房屋已较破旧，时席福田的父亲在上海经营钱庄赚了一大笔钱，于是在老宅旁向翁家又买了几亩地，扩建了瑞凝堂，以供席氏大家族居住。后来太平

军撤走，瑞蔼堂被糟蹋得不成样子，为席福田长子永年所居。

该宅原规模宏大，从建筑格局看，有门屋、轿厅、花厅、大厅、东西住楼、客房、柴房、灶间、花园等五进建筑。现前进门屋、中进大厅已翻建民房，仅保存有第三进东、西两幢住楼，第四进十间客房及西侧长达五十多米的半截备弄。东住楼面阔五间带两厢，左右厢房上下各两间。正贴构架大梁扁作，抬梁式。边贴圆作穿斗式。两厢前檐下做雀宿檐形式，楼上层前沿下置挂落。下层前面全部配葵形木格落地长窗，三间共十八扇，左右两间厢房各八扇。楼上前沿置二十四扇半窗。住楼前水磨青砖门楼高大，下层中间字额空白无文。天井四周置花岗石阶沿，地面铺花岗石板，从用材与建筑风格看，应属清代所建。西住楼与东楼并排而建，但矮了许多。亦为三间带两厢，正面三间，一宽二窄，楼前沿连厢房共三十扇木格蛎壳半窗，其建筑规制在他处不多见。梁架圆作，正贴抬梁式，边贴穿斗式，较朴素。住楼前水磨青砖门楼较东楼古朴，天井中青石板铺地。西住楼估计为明代遗屋。东、西住楼下层中间后均有平门，平门后置石库门，后置船篷轩。

客房面阔十间，前有走廊，东通备弄，西至花园。房后原还有灶间，柴房、佣人屋等附房，已被拆。东边围墙高达十米，甚为古朴，应属明代始建时旧墙。高墙内即备弄，外为东山旧时极为热闹的殿弄堂。殿前是东山明清时期，镇东的经济文化中心。瑞凝堂原厅堂极为宽敞，俗称大礼堂。新中国成立初期，因该堂地处闹市，东山镇一些规模较大的会议均在瑞凝堂大厅中召开，被称为东山的大礼堂。

瑞凝堂现属东山房管所公管房屋，租住有十三户居民。东、西住楼，客房与备弄具有明清建筑风格，且保存尚好，稍加修缮后，可与东侧的东岳庙、猛将堂及宅后的耕礼堂，近处的慎余堂（薛家祠堂）连成一片，组成一组古建筑景区。

（杨维忠/文　倪浩文/图）

铁墙门里玉辉堂

控保档案：编号为236，玉辉堂，位于东山镇马家弄39号，乃民国建筑。

玉辉堂，俗称铁墙门（苏州市控保建筑名录为马家弄某宅，吴中区控保建筑称铁墙门），位于东山镇马家弄39号，1922年武山人孔宪生所建，属民国建筑。2010年公布为苏州市控保建筑。

东山规模较大的古宅，旧以某墙门称之较多，如叶巷心友堂称旗杆墙门、保善堂称斜角墙门、镇西务本堂称花墙门、慎德堂称白墙门。玉辉堂因大门装两扇大铁门而得名，故以铁墙门称之。

孔宪生祖居东山之武山，为武山望族。先祖孔贞行为明末著名诗

人。孔贞行，字道行，别号湖天啸父。少时即负俊才，自命不凡，以豪杰自居。时太仓名士王锡爵是其父孔凤岗挚友，明万历年间，贞行以通家子礼谒王锡爵于京邸。两人相语竟日，把他视为奇才，遂荐之于蓟辽幕中，参赞军事。一时贞行之名大震，蓟中名士竞相与之交往。贞行在塞上十余年，后念家中亲老，遂归故里。构屋数楹于射鹗山，匾其堂曰“芝秀斋”、曰“怡颜”、曰“香梦”。一生著述极丰，有《塞上稿》《香梦斋稿》《闻居草》等数十卷。

据说孔宪生发家有贵人相助，建玉辉堂亦具传奇色彩。武山孔氏传至孔宪生一代，家道早已中落，父亲在上海一家东山人开的钱庄里当伙计。孔宪生少年赴沪，子承父业，在钱庄当学徒。一次，孔宪生在黄浦江边徜徉，江中一艘英商的大轮船鸣笛欲靠岸，因阳光有点刺眼，孔宪生举手遮阳看船。谁知船上的英商以为是在向他们招手致意，上岸后握住了孔宪生的手，像是久违的老朋友。原来英商是头次来中国经商，真担心人生地不熟时，巧遇了这位向他们招手的朋友。孔宪生“无意插柳柳成荫”，遂辞去钱庄饭碗，当了英商的代理人。数年后英国人赚满了大钱，给了孔宪成一大笔佣金，回英国去了。这时，施巷港畔的金锡之正在建造雕花大楼，孔宪生原也想造一座能与之媲美的大宅院，有梦神

告知曰："暴富不造屋，金氏如此大兴土木，盛必衰矣。"孔宪生从之，建了规模不大的玉辉堂，并安装大铁门以镇邪。后果如梦神所云，金锡之事业失败，晚年一贫如洗，贫病交加而卒。

玉辉堂建于1922年，与俗称雕花大楼的春在堂同年动工兴建。现保存有东、西两路建筑，西路依次有门屋、大厅、住楼；东路有佛楼、花园。间以庭院相隔，备弄相通。门屋面阔三间，进深七点四米。明间前檐两侧做清水砖垛头。大厅又称圆堂，面阔三间，进深十三点二米。大梁扁作，雕有花草等吉祥图案。骑廊为船形轩形式，短梁上亦雕有牡丹、灵芝等花卉。面南楼上共二十四扇小木格短窗，楼下为落地长窗，极为雄伟。清水砖雕门楼上层为蟠桃盛会，八仙各显神通，赴王母之约。中间字额为"视履考祥"四字，惜无落款。字额两侧有两方精致的透雕，已残缺不全。下层中间一方砖雕也破坏严重，难辨原貌，仅边端两枚如意保存完好。住楼面阔三间，承重扁作。二楼内四界大梁扁作，抬梁式。山界梁背设五七式斗六升牌科，上承脊机脊檩。山尖施山雾云。明间后设抱厦，前置槛窗。前有一门楼，砖雕较朴素，中间字额"知足长乐"，可能已不是原额，为房主近年修缮所增换。佛楼坐东面西，面阔一间，四坡歇山造，两角飞翘，为歇山四方楼形式。

玉辉堂建造仅百年，整座宅院基本完好。从20世纪70年代至90年代末，曾长期作为吴县缫丝厂职工宿舍。现为孔沂为所有，近年耗资百万元全面进行了修缮，基本恢复了旧观。

（杨维忠/文　倪浩文、杨维忠/图）

《具区志》书馆古香堂

控保档案：编号为237，古香堂，位于东山镇翁巷太平村，乃清代建筑。

古香堂位于翁巷太平村平盘东侧三茅弄口，东为乐志堂，西为三茅弄，隔弄是修德堂、松风馆，后为尊德堂、天香馆等古宅，前即著名的唐代古迹席温墓照潭，又称双潭，形成一古建筑群，是江苏省历史文化古村——翁巷村的核心区域。2005年被列为吴中区第二批控保建筑。2010年公布为苏州市控保建筑。

翁澍清康熙《具区志》有古香堂刻本，古香堂应属翁氏所建，古香堂西部住楼、大厅与花园湘云阁为清初建筑。翁澍，字季霖，东山翁巷人。博学多才，知名于时。其祖上翁少山为明代赫赫有名的大商人，家境甚为殷富，“以赀雄于山中”。清初有普明头陀之称的昆山名士归庄到过东山翁巷，曾访过翁澍之宅，其中古木交罗，名花奇石，左右错列，崇台高馆，曲廊深院，几令归

庄迷失东西，尤其是内中湘云阁，让归庄称绝不已，欣然为之撰《湘云阁记》，并称其阁以湘妃竹铺地成纹，斑然可爱。翁澍亦多藏书，在历史学家吴晗所著《江浙藏书家史略》中，就介绍了明末清初的藏书家翁澍。称他博学知名，家多藏书，其能诗文，喜结纳，所交友皆当时著名士大夫。

《具区志》是一部在太湖地区有较大影响的方志，成书于清康熙二十八年（1689），共十六卷。这是吴中继蔡昇《太湖志》、王鏊《震泽编》之后，又一部以反映太湖地区经济的方志。翁澍上参《山海经》，下究太史公之《史记》、郦道元之《水经注》诸书，旁及“图经地记”“稗史别集”之属，左右采获，积以岁月。其间或有明悉者，举凡山邮亭、僧坊肆壁、荒区野冢，残碑断刻，父老之间所传闻，尽纳之所记忆，近则策杖以求，远则行舟以访，搜剔讨论，靡有缺遗。竭尽心力，而成此书。

该宅原规模宏大，从现存遗址看，中轴线上有门屋、门厅、大厅、住楼等建筑；东路有备弄、花厅、书厅、花房等房屋；西侧有厅堂、门楼、前住楼、后住楼等建筑。现东路与中路房屋已毁，仅存西路一幢后住楼。该楼面阔五间带两厢，二楼内四界大梁扁作，抬梁式。大梁背设荷叶墩置斗承金檩，山界梁背设五七式斗六升牌科承脊檩，山尖脊桁施山雾云，脊檩两侧置抱梁云。明间脊檩施“笔锭胜”彩绘。其住楼后门楼极为古朴，有三层精致的清水砖雕。上层屋檐下为一排砖雕琵琶撑，下为一条约三厘米宽的砖雕，再下是一大块照壁，原应为菱形砖壁，估计清后期已修缮过，现已改成墙面。后门规制小而低矮，其结构为简洁的皮条脊，砖刻朴素无华。门楼上边有小巧的照壁。除框柱边饰外，已改为混水做法。照壁下有类似“圭脚”形式的砖雕一条，花纹分为三级，中间一级较长，两端较短，为折枝灵芝花，砖刻线条深而流畅。

古香堂原为翁氏所建，清末售于同乡上海商人葛湘生，后葛氏又把大厅与前楼卖给翁巷村王姓与杨姓村民，均翻建了现代住房。后住楼于2000年售于上海书画家吴明琪。其楼原已极为陈旧，吴氏购买后，耗资进行了全面修缮，现大楼保存完好。

（杨维忠/文　杨维忠、倪浩文/图）

花白墙门慎德堂

控保档案：编号为238，慎德堂，位于东山镇光明村192、193号，乃清代建筑。

慎德堂，俗称白墙门（苏州市、吴中区控保建筑名录均题为东山镇光明村严宅），位于东山镇光明村192、193号，建筑面积858平方米，严氏私产。2005年被列为吴中区控保建筑。2010年公布为苏州市控保建筑。

东山光明村为安仁里严氏聚居之地，有庞大的建筑群，分别筑有务本堂、光绪堂、仁裕堂、积善堂、严德堂、慎德堂等近十处大宅，统称花、白墙门。严氏南宋时迁居东山马家底安仁里，时有严伯成者为苏城判官，因公务常至太湖东山，见该山风光秀丽，地势偏僻，宜子孙读书，任期满后即举家迁居东山。以务本堂为首的花墙门，建于明弘治年间。弘治九年（1496），严氏五世孙严经考中进士，授南京刑部主事，后又升为员外郎及郎中。明初朱太祖设天、地、春、夏、秋、冬六部，刑部以秋官称之，故务本堂又称秋官第或花墙门，意即世代为官之家。

严经有兄弟三人，分别为经、纶、绅，其中严纶与严绅均以商贾富甲一方，在祖居务本堂西侧购

地建造了数幢豪宅，为区别于长房花墙门官第，取名白墙门，意即白衣之第。白墙门为严绅裔孙严宇春所建。严宇春，字仲仁，号云门，后世以云门公称之。严云门早年弃儒行贾，乃走金陵承祖业，奔走江淮二十年，拥厚资归，遂在花墙门西侧筑白墙门。白墙门共建有仁裕堂、慎德堂、光绪堂等三座豪宅，慎德堂居于中，为严氏十四代孙严东益清道光年间所造。

该宅原规模宏大，有东、西、中三路建筑，中路依次有：门屋、轿厅、家堂间、大厅、住楼及后花园等六进房屋；东路建有：佛堂、东花厅、客栈、住屋、住楼等五进建筑。西路为：书厅、西花厅、账房间、住屋、住楼及灶间等六进。其间均有天井、石库门、塞口墙相隔，连起来又成为一个完整的建筑群体。现仅保存有门楼与东、西住楼各一幢。库门将军式，门上钉方砖。门楼下外侧较简易，内侧水磨砖砌，细麻石门楣，中字牌空白无文，字额左右各有一方砖雕寿桃。上为水磨砖抛方，中有十三只砖雕小寿桃，再上为砖斗拱。天井中青石板铺地，四周细麻石压沿。楼正间前细麻石踏步石长达四米。两边厢房半窗下外侧墙上斜形贴砌水磨方砖，较少见。西厢房楼下有一走廊，筑半石库门，置门贴钉方砖的将军门。

东住楼坐北朝南，规制古朴，建筑面积三百二十一平方米。其楼面阔三间带两厢，进深六檩。楼前南面和西面均为高达十米的风火墙，院墙四周顶端檐下有一圈磨光青砖抛方，组成一座小院落。楼下前筑船形廊，横梁上雕有人物、花卉图案。二楼构架内四界大梁扁作，抬梁式。山界梁背设五七式斗六升牌科承脊檩。边贴圆作穿斗式。厢房面阔一间，进深四檩，前两椽较短，后两椽较长。底楼前设副檐，下设半墙，上置槛窗。二楼厢房卷棚顶，梁架圆作抬梁式。

西住楼位于东住楼西侧，建筑面积两百五十四平方米，前筑船形廊，横梁上亦雕有吉祥图案。宅内方砖斜铺，中间六扇小方格落地长窗，厢房各七扇半窗，上置木裙板，配蛎壳。大楼前置落地长窗，后置平门，平门后为楼梯。立柱粗壮，细麻石柱础。屋架用料极大，进深七檩，前四檩后三檩。大梁扁作，抬梁式，双月形扁作梁。脊檩上施彩绘，下置托机、斗拱；桁檩和步檩上亦均置托机，檐檩下置前后扁作托枋。厢房开阔，用料大，桁下亦置托机，梁圆作，抬梁式。楼板整块宽五十厘米，长达八米。厢房置八扇半窗，木窗内侧木裙板上雕有花卉。

慎德堂原属东山房管所公管房屋，房屋门牌编号为光明村192、193号，后更改为52号，有黄海南、朱林生等镇区居民租住。政府落实房屋政策后归还严姓，现产权属严涛、严洪兄弟所有。

（杨维忠/文　杨维忠、倪浩文/图）

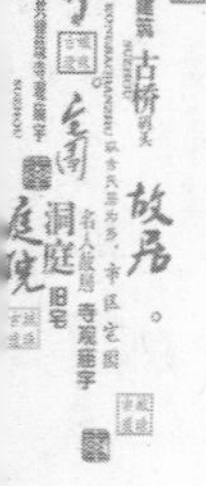

响水涧畔信恒堂

控保档案：编号为239，信恒堂，位于东山镇新义村24号，乃清末、民国建筑。

信恒堂位于东山镇新义村24号，即响水涧上段潘家港北面。建于清代晚期，为潘氏祖传第宅。现除山脚下附房被拆外，其余五进均保存完好，建筑面积为四百二十九平方米。产权分别为计姓、叶姓、刘姓和东山房管所。2005年被列为吴中区第二批控保建筑。2010年公布为苏州市控保建筑。

据《潘氏宗谱》记载，潘氏明代万历年间从吴兴怀七里，迁居太湖东山唐股村，始迁祖名潘秀（字近溪）。近溪生二子，长子名世禄，次子名应禄。兄弟俩均以耕读为业，间亦外出行贾，以补家用。后世禄生二子：长为文元、次为文选。文选字翰奇，曾候选州同知（六品），从此东山潘氏开始涉足仕途，亦耕亦读，亦商亦仕，家族隆隆日起，清道光年间，潘秀七世孙潘良材出资购席氏唐股村旧宅，建潘氏宗祠。潘良材之孙潘金莱，早年随父经商，后成为江淮盐商，遂于光绪年间在响水涧北购地建造信恒堂。

信恒堂坐落在庙山脚

下，规模宏大，原有六进建筑，现除最后一进山脚下附房被拆外，其余门屋、前厅、圆堂、前住楼、后住楼等五进主建筑保存完好，东侧房屋围墙总长达一百五十多米。门屋设在圆堂东侧，面阔一间，进深三界。第一进住屋面阔三间带前后厢。前有院墙相围，形成一座独立庭院。院内植有一株含笑，株杆直径达十二厘米，为建宅时所栽，已有一百多年树龄。前进东面后厢房二间，形如佛殿，为主人母亲吃素念佛之处。第二、三进为相对称的圆堂，形制相同。面阔三间，进深七檩，梁架圆作，正贴抬梁式，边贴穿斗式。两座圆堂之间为天井，天井两侧设轩廊，前后可贯通。

前住楼面阔三间带两厢，梁架圆作，正贴抬梁式，边贴穿斗式，较朴素。楼前水磨砖砌门楼高大，上下有三层抛方，正中有字额。整座水磨青砖门楼虽较为精致，但字牌中空无一字，据说寓意宅主人所赚之钱清清白白。楼中间后厢设东西两面楼梯，其楼板全用宽五十厘米左右、厚五厘米、通长九米的进口松板铺设，极为坚固，为他处所不多见。后住楼五间带二厢，前有青砖水磨砖砌门楼，规制与做工同前门楼相似，门额上亦空无一文。楼前下层三间，置十八扇落地长窗，左右厢房各置十扇半窗，楼上层前统一配装三十八扇半窗。上下木窗均为豆腐小方格配蛎壳，极为古朴。

坐北朝南的信恒堂前即响水涧，西侧有建于清代晚期的潘家巷券

门，原为后山陆巷、白沙及曹坞村至东山街的必经之路，20世纪七八十年代，东山辟建环山公路后，后山大部分山民至前山，已改走公路，但潘家巷券门仍是老人与妇孺上街的要道。尤其是券门北侧涧旁有一座河房，悬筑在涧之上空，春夏水流湍急，水珠飞溅入窗，可有惊无险。河房前为一小潭，四周砌有山石驳岸，南北两岸临水筑有阶沿，为附近村民淘米汏菜和洗衣之处。巷门北面建有许多明清古宅，东端一口古井，青石井栏上深凹的绳印是其苍老的年轮。涧、房、路、井诸景，形成一组古朴的景观。

宅主人潘金莱生有二子四女，长子潘蟾香，次子潘凤江，均为上海绸缎商人。“文革”中信恒堂一度归东山房管所管理，国家落实房改政策后，大部分房屋退归原房主。现前四进房屋潘氏已分别售于计姓、叶姓、刘姓等。信恒堂的特色是五进单位建筑沿中轴线布局，依山坡向上伸延，前临山溪，后靠山坡，气势恢宏。从2012年起，东山镇开辟西街景区，信恒堂前的潘家巷券门为景区的重要景观，至2014年春，响水涧与潘家巷券门景点的保护修缮工程已全面竣工，即将对游人开放。

（杨维忠/文　倪浩文/图）

咸丰大宅景德堂

控保档案：编号为240，景德堂，位于东山镇建新村，乃清咸丰年间建筑。

景德堂坐落在东山翁巷东面建新村，西侧为全国文保单位凝德堂，北面是同德堂，附近还有载德堂、树德堂等明清建筑。景德堂建于清代咸丰年间，现保存建筑面积为四百七十平方米。2005年被列为吴中区第二批控保建筑。2010年公布为苏州市控保建筑。

东山严氏祖居原在镇西马家底花墙门，清初有一支迁居翁巷村，亦官亦商，后来举上，成为翁巷望族。至清末，严氏在翁巷席家湖一带建有尊德堂、修德堂、建德堂、同德堂、景德堂等十多座豪宅。景德堂为清代湖北均州知州严福保的故居。严福保（1830—1891），字寅堂，号蔚轩。严福保少端重寡言笑，事双亲至孝，于兄弟间婉容和气。读书奋发，曾协同举办本籍团练保境，叙功保升知县。入都操办海运，襄办直隶赈务等，成绩尤著，选授湖北武昌县知县。咸丰五年（1855），严福保中举后擢升均州知州，旋调任竹山县知县，还任过乙酉科湖北乡试同考官。均

州地处山区，土地贫瘠，百姓生活愁苦。但历任州官均率假做寿，敛财肥己，往往做一次寿就得数千缗钱，已积久成俗。严福保到均州府任知州的第一年，地方官吏绅士悄悄打听到了他的生日，亦大张旗鼓为严知州做起寿来，各级所送的寿礼钱就达一千多缗，被严福保全部退回，并宣布了一条衙规，从他这一任做起，今后新知州到任一律不做寿。均州有富民黎氏兄弟，为分割财产讼案均州府，数年未决。福保接案后，对两人曰"金钱事小，骨肉情深"，反复晓谕理，且为均平析产，黎氏兄弟终至大悟，皆诚服而去。一桩拖至多年的诉讼案就这样息讼了。光绪十八年（1892）壬辰春，严福保夜得异梦，饬备后事。于是年六月十八日病故，享年六十三岁，清代状元陆润庠为其撰写墓志铭。

景德堂原规模较大，有门厅、大厅、住楼、住房、备弄及花园、附房等建筑，现保存有住楼与后住房两进主体建筑，以及数间附房与花园。住楼面阔五间带两厢。二楼构架为内四界后双步结构，底楼前檐出檐较深，檐下云头挑梓檩做法，下设竹节撑，成雀宿檐形式。东厢房下层有走廊，有石库门通边间附房。楼层较为低矮，山墙五柱落地，

楼前中间三间有二十四扇满天星矮窗，镶明瓦片（河蚌壳磨成），两面楼厢房各九扇小木格窗，亦镶明瓦片。楼左右山墙上各开有一小窗洞，高、宽各五十厘米，中置三根菱形小铁柱，两扇小木窗上钉有约三厘米厚的小方砖，住楼的整体建筑风格属明式住宅。

住楼前为庭院，照壁高达十米。清水砖雕门楼高耸，其砖雕分上

中下三层，上层砖额空白无字，仅左右两边各塑有一枝灵芝。中间字牌额题“以德为宝”四字，两侧各有一方精致的清水砖雕，四周雕有双钱、古币等图案。下层亦空白无字，仅两边刻有两方如意砖雕，落款：乙卯仲春吉日，郑长昕，下还有一方“雅三”方形石印。郑长昕，字雅三，清代东山人，道光二年（1822）壬午科举人，官江西九江同知。后住屋面阔三间带两厢，进深七檩。内四界前后单步形式。大梁扁作，抬梁式，边贴穿斗式。中间扇落地长窗为海棠窗隔，木刻精美，有“五蝠捧寿”等。 石库门下有一青石门楣，雕有笔锭胜等图案，寓含笔定胜天，子孙寒窗苦读，将来能高中状元之义。

原住楼已极为破旧，住屋保存尚可，产权属东山房管所，住楼空关，后住屋租给湖湾村张元福居住。2011年，上海钟姓商人购置景德堂后，耗资数百万元，原汁原味进行修复，现基本恢复了原貌。

（杨维忠/文　杨维忠、倪浩文/图）

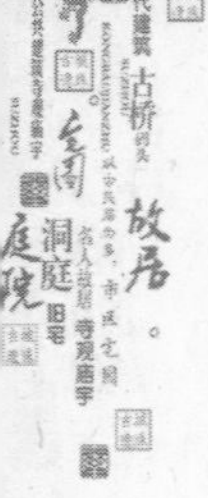

席家湖头容德堂

控保档案：编号为241，容德堂，位于东山镇莫厘村二号桥南，乃清晚期建筑。

容德堂（即湖湾村二号桥某宅）位于东山镇席家湖头，现莫厘村五组（原湖湾村）环山公路南面。北面为江苏省文保单位瑞蔼堂，东侧为刘氏清代树德堂和席姓白皮松馆。2005年被列为吴中区第二批控保建筑。2010年公布为苏州市控保建筑。

容德堂为席素铎故居，建于晚清。席素铎，字微三，东山席家湖人。洞庭席氏三彦公第三十七世裔孙，民国上海著名义商。席微三生于光绪四年（1878），一生慷慨解囊，行善积德，在地方上有较高的知名度。他从小习典当业，勤于经营，家境富裕。但他富而行义，乐于

助人，在故乡东山和上海同乡中出了名。朋友做生意，需要担保，他热心为朋友当保人，有几次因此而受到牵连，但他泰然处之，为人热心依旧。席微三对同乡的公益事业四处奔波，筹款捐资，乐此不疲。对于社会慈善公益的中国红十字会工作，席微三更是热情支持。普善山庄、联养善会等慈善诸事，他均热心参与。1929年，陕西大旱，赤地千

里，受中国济生会上海惠生社之委托，席微三亲往灾区放赈，跋山涉水，食宿简陋，辛劳万分，历时三月而归，致使“垢虱盈袖”，他全然不顾，回沪后又投入其他公益事务中去。1937年8月，上海战事吃紧，时东山旅沪乡人甚多，席微三等人在上海红十字会支持下，8月16日，在同乡会的组织下，安排帆船及红十字会旗章，开始了第一次难民遣送。接着，又进行了几次较大规模的遣送，共送回难民两千三百四十二人返回家乡山。席微三的三个儿子，都在新中国成立前参加革命，现次子席兴荣离休后居于上海。

席家湖头为东山席氏始祖所辟，据方志记载，席氏始祖唐武威将军席温，当年就是从席家湖口登岸建村。明清时席氏大商人辈出，在席家湖村建有约二十幢大宅，容德堂即其中一处。该宅原有中路与东、西三路建筑，为席微三兄弟五人所居。新中国成立后，席氏裔孙大多居于上海及海外，房屋长期无人居住及修缮，损坏严重，现仅保存有东西两路部分建筑，东路：依次为门屋、大厅、住楼；西路有前后花厅。门屋面阔三间，圆作梁，穿斗式。大厅面阔三间，进深九檩。内四界后双步形式，大梁扁作，抬梁式。山界梁背设五七式斗六升牌科，上承脊机和脊

檩，山尖施山雾云。大厅与住楼间有一座高大的清水砖雕门楼，不仅中间空白无字，亦无所建年代，为他处所不多见。住楼面阔五间带两厢，梁架圆作，较朴素。明次间前设轩与两厢前轩相通，形成回廊。花厅前后对称，面阔三间，进深五界，卷棚顶。现房屋损坏较严重，门屋西次间已塌，后花厅已拆一间，院墙局部损坏，备弄已毁。

该宅产权极为复杂，据说属席氏多家裔孙所有。20世纪90年代，席家湖村（原光明大队）办过中外合资企业，后倒闭。现房屋空关无人管理，坍塌越来越严重，如再不落实保护措施，也许若干年后，这座控保建筑将不复存在。

（杨维忠/文　杨维忠、倪浩文/图）

花步刘第宅裕德堂

控保档案：编号为243，岱松村裕德堂，位于东山镇岱松村岱心湾，乃清代建筑。

岱松村裕德堂位于东山镇岱心湾山岭北侧，岱心湾望族花步刘所建，属清初建筑。2005年被列为吴中区控保建筑。2010年公布为苏州市控保建筑。

东山镇裕德堂共有三处，镇西街裕德堂1986年公布为吴县文保单位，陆巷嵩下村裕德堂，与岱松村裕德堂同年公布为苏州市控保建筑。花步刘，即苏州阊门花步里刘恕，因清乾隆年间在苏州金阊外花步里购置徐泰之东园，并大规模修缮与扩建，筑寒碧山庄而得名。

刘恕，字蓉峰，东山岱心湾人。乾隆举人，官至广西右江道（一说广西兵备道）。刘恕家世素封，祖上或官或商，均有业绩。清乾隆五十一年（1786），刘恕中举后，即到广西为官。四十一岁时辞官回乡，购苏州金阊外花步里徐氏之东园，并几乎倾其所有，修筑寒碧山庄。其园初名东园，徐泰时初建时，已颇具规模。明万历二十四年（1596），袁宏道所作《园

亭记略》中，即盛赞其园宏丽轩举，巧甲江南。刘恕购置东园后，立即大加修缮，并起名为寒碧山庄。他搜罗了数十峰湖石在园内，使景观更加丰富。为寻觅石峰，他“拮据五年，粗有就绪”，陆续收集了奎宿、玉女、箬帽、青芝等十二峰，并请苏州名士潘奕隽为每一峰配上诗句，装裱成卷，取名《寒碧庄十二峰》，又刻闲章“寄傲一十二峰之间”，自号“一十二峰啸客”。清道光三年（1823），寒碧庄对外开放，称刘园，后又更名为留园，号吴中名园之冠。刘恕之子刘运铃，号小峰。居寒碧庄，不仅饶泉石花木之胜，且多藏名人妙墨，延椒翁于家，商榷评论。其孙刘功懋亦承其祖“石癖”遗风，为满足观赏冠云峰之愿望，特地请人画了《东园访石图》以摩玩。还别出心裁在园之东邻近冠云峰处造一栋小楼，取名望云楼，供在楼上赏峰。

岱松村裕德堂属明基清建的大宅，依山傍湖，气势雄伟。原规模极大，从现存遗址看，中轴线上有门屋、门厅、大厅、前住楼、后住楼、花园等建筑；东路有备弄、花厅、书厅等房屋；西侧因建起了大片民房，已看不出原貌，估计也应有一路建筑。其宅园围墙东西长约百米，南北宽约八十米，形成一座封闭式的大庄园。其宅东西两边分别建有音山堂、传经堂、乐寿堂、庆裕堂等明清古宅。清乾隆年间，刘恕在阊门花步里购买扩建留园后，即携家迁居苏州，岱心湾裕德堂老宅长期托人看管，损坏严重。现保存有门屋、大厅、住楼三进建筑，间以庭院、天井相隔。门屋面阔三间，进深五檩，大门将军门形式。这是因为刘恕任过广西兵备道，属正四品武官之故。大厅面阔三间，进深七檩。内四界后抱厦形式，内四界大梁扁作，抬梁式。山界梁背设斗六升牌科，山尖施山雾云。前檐柱下设提灯形青石鼓墩，前后步柱下设圆鼓形花岗石柱础。明间与两厢前檐柱下设提灯形青石础，前后步柱及次间山墙柱下均设扁鼓形木鼓墩。二楼梁架为内四界前后单步形式，明间檐柱立于底楼双步承重之上，山尖设山雾云，脊檩施彩绘，仍较清晰，绘有各种吉祥图案。梁柱结构，用料粗壮，制作形体，上部稍细，下部稍粗，有稳重感。柱头有覆盆形卷杀，线条柔和。金柱圆作，下垫覆盆形木鼓墩，作退步造法，较有特点。

因长期无人修缮，岱松村裕德堂损坏极其严重，门屋局部已坍塌，大厅抱厦局部已毁，院墙上部残缺。有关方面应及时抢救，使这座极具特色的控保建筑恢复原貌。

（杨维忠/文、图）

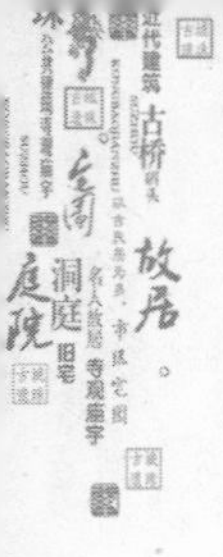

姜家弄里晋锡堂

控保档案： 编号为244，晋锡堂，位于东山镇上湾村7组，乃清道光年间建筑。

晋锡堂（苏州市控保建筑名录误为锦星堂）位于东山镇后山上湾村7组，西为姜家弄，东侧即全国文保单位明善堂。2005年被列为吴中区第二批控保建筑。2010年公布为苏州市控保建筑。

晋锡堂为杨湾上海著名商人朱靄堂的故居。朱靄堂名锡龄，清末东山杨湾人，英商洋行买办。他早岁至沪经商，始做伙计，后为经理，靠艰苦的自学，熟谙英法文字。先经营丝绸出口业，为洋行收购国内丝织成品与原料。在此同时，不断扩大经营范围，从丝绸到茶叶、药材、毛革等国货。继而又帮助洋行推销洋货，有洋布、洋油、洋五金以至鸦片等，随着国货与洋货的买进卖出，中间商获得了高额利润。在民国初年至20世纪30年代中期，朱靄堂先后任过外商开利、百司、基大、礼和、永兴等洋行的买办。对公益事业，靄堂亦极为热心。民国十四年（1925），被选举为东山旅沪同乡会第十届副会长。

朱靄堂的兄长朱鉴塘是上海著名的丝绸商人，曾在沪集股创办府

绸业，注册有“单鹿”“双鹿”商标。仅数年，声名远播海外，年销售额达六百至七百万金。民初上海除丝茶外，绸庄经营的府绸出口额位于上海外贸前列，任过上海出口公会会长。朱霭堂之弟朱馥棠自幼随两兄长至沪经商，操府绸与地产业，极有成就。其一生谨慎节约，数十年如一日。对慈善公益，接济贫困，莫不慷慨解囊。乃遵兄遗嘱，助办鉴塘义务小学。曾出资创办或资助过上海救火会、惠人医院、敬义社、普善山庄、广益中医院、府绸公所、七浦义务小学等。

晋锡堂原规模较大，有东、中、西三路建筑，现仅中轴线保存有门厅、圆堂、住楼三进及少量附房，建筑面积四百八十平方米。门屋面阔三间，进深五界。明间前开库门作门第，出大门即为陆杨古道。门楼朴素，镶砌有三层青砖磨光门额，额上空白无字。间以天井相隔，天井左右两边瓦砌花窗古色古香，极具特色，为明代花窗风格。大厅面阔三间，进深十三点零五米，内四界前轩后抱厦后双步结构。内四界大梁扁作，抬梁式。山界梁背设五七式斗六升牌科，山尖施山雾云。明间前廊柱下设花岗石圆鼓形柱，顶设坐斗，承檐檩。出檐较深，施飞椽，檐下云头挑梓檩做法。大厅东西山墙为马头墙，为徽地建筑风格。大厅前门楼有三层清水砖雕，动物及花卉造型极为精致。门楼檐下置六个复式砖雕琵琶撑，上层门额两端各雕有一幅松鼠戏葡萄的图案。中阁雕“星云洽颂”四个大字。西侧镌：清道光二十七年（1847）仲夏穀旦。东端下方镌刻：莱峰三叔父大人命题，侄茂鸿书及两方砖印章。中额左右两边各有一幅镂空透雕，雕有动物、飞禽及花木等图案。下层中间为一幅凤

穿牡丹图，两侧为各两只带叶的寿桃。

住楼面阔三间带前后厢，楼下鹤颈轩形式。底楼前设轩，施弓形椽。二楼构架圆作，穿斗式，较朴素。楼上面南为九扇满天星矮窗，左右厢房前各十二扇小窗，配明瓦，下置木裙板，极为古朴。楼前亦有三层砖雕门楼一座，砖雕图案简洁朴素，中额有“轮奂增辉”四字，无落款。左侧雕有一盆牡丹花，右侧为一盆荷花。

晋锡堂主体建筑保存较为完好，很有特色，且位于上湾古建筑的中心，有一定的历史文化价值。原为朱润麟所有，现产权属上湾村叶绍基、周建平等。

（杨维忠/文　杨维忠、倪浩文/图）

潘家弄敦朴敦厚姐妹堂

控保档案：编号为247，敦朴堂，位于东山镇潘家巷7号，乃清道光年间建筑。

东山镇区古街两侧有34条古弄古巷，潘家巷就坐落在东街叶巷港西面，旧时称唐股村，全长一百多米，分上潘家弄与下潘家弄两段，敦朴堂位于潘家巷7号，建于清道光年间。2005年被列为吴中区第二批控保建筑。2010年公布为苏州市控保建筑。

潘家弄潘氏源于浙江吴兴，其裔孙大多以经商为业，也做过县丞、训导等小官，亦官亦商，有一房发家后在唐股村购置房屋与田产，其第宅有敦朴堂、敦厚堂、敦睦堂等。清嘉庆初年，五世孙潘和玉创修《洞庭东山潘氏宗谱》。嘉庆十四年（1809），其八世孙潘惟勋又发起筑潘家祠堂。抗战初期，其十世孙潘梦石，曾同郑振华、叶绪华等同乡青年，在上海创办《新青年》杂志，宣传抗日进步思想。“八一三”战事后，他们在故乡东山创办书店，散发传单，上街演讲，投入抗日救

亡活动。

抗战前夕，敦朴堂居住有潘诵玉、潘诵模等六兄弟。潘诵玉为上海信和钱庄副理，热心社会公益事业。20世纪30年代，因邻居家孕妇不慎失火，累及村人。潘诵玉发起，并同邱玉如、贾尊一等七人共同出资，在叶巷村成立“七星救火会”，他们从上海购置了洋龙、水管、水枪等全套救火设备，运至东山叶巷浜场，又建造了数间房屋，在叶巷村口挖了一口双井，以解决消防所需的水源，办起了救火机构，造福一方乡民。敦朴堂规模较大，保存较为完好。现有门屋、大厅、前住楼、后住楼及备弄西侧的花厅、附房、古井等建筑。门屋东向，面阔一间。大厅面阔五间带两厢，内四界前轩抱厦形式。大梁扁作，抬梁式。明间脊檩施彩绘，置官帽翅。前清水砖砌门楼，形制古朴，中字牌空白无文。前住楼三间带两厢，进深六檩。步柱下设圆鼓形青石柱础。二楼构架大梁扁作，抬梁式。边贴穿斗式。后住楼门楼为将军门式，门上钉有方砖。面阔三间带两厢，规制及结构与前住楼相同。备弄西面为花厅与花园。现除大厅东屋坍塌一架，花厅被改造过外，其余房屋基本完好。

敦厚堂坐落在潘家弄东面，同敦相堂隔弄相望，故两宅称为姐妹堂。与敦朴堂同时建造，亦建于清代道光年间。保存有门楼、大厅、住屋三进建筑。砖雕门楼，高大宏丽，且较为完整。正面三层砖雕，正中字额为“长发其祥”，右署：道光二十九年（1849），落款：是京叶藻。字额以砖雕细边围框，左右两侧有两方砖雕，为两组古戏文，惜已

严重破坏。下层有一方砖雕极为精细，内雕塑有狮子、锦瓶、书卷、画轴四物，曰“八锦图”。门楼内侧，中间字额为“玉树流芳”，右署：道光二十九年，落款：是京叶藻。字额左右有两方砖雕，依稀可辨为两只鸣叫的喜鹊，应称“双喜临门”。下层为“八锦图”，同前面相呼应。门楼筑成内外八字形，极为宏敞。叶藻，字是京，陆巷村人，道光年间曾在广西承包开发金矿，遂大发其财。尔后在陆巷村同时建造规模宏大的惠和堂与粹和堂。光惠和堂建筑面积就达三千多平方米，现已辟为王鏊纪念馆，又称王鏊宰相府，2004年对游人开放。叶是京晚年还捐巨资买官，故其位于槎湾村妻子的墓碑上，镌刻有一品夫人的殊荣。

敦厚堂大厅面阔五间带两厢，前轩后廊，进深六檩，用料巨大。明间立柱直径三十厘米，且均为楠木。内四界大梁扁作，抬梁式。山界梁背设荷叶墩置牌科承机檩。山尖置山雾云，脊檩施以彩绘。金柱下青石覆盆柱础巨大，前廊下青石鼓墩施以细花纹。厅前踏步石巨大，花岗石阶沿长四点五米，宽五十厘米。左右厢房各两间，东边厢房墙面已翻建。西边厢房面阔两间，进深三檩。住屋五间带两厢，进深六檩。大梁扁作，抬梁式。边贴穿斗式。今门楼、大厅、住屋均保存较为完好。

2004年10月14日，分别定居台湾和美国的潘家巷裔孙潘世源先生等四兄弟，陪同母亲潘吴钟英从台湾至东山寻根。潘吴钟英早年曾在敦朴堂生活过，见潘宅面貌依旧，激动地给定居美国的三儿子思定、四儿子思乐，回忆她当年在潘家巷生活的往事。潘世源的堂姐潘世秀，是兰州大学副教授，长期从事中国古代小说理论、《周易》与中国文学的教学与研究工作，其作品曾获甘肃省第五届社会科学“兴陇奖”。2005年5月11日，台胞潘志珉女士在儿女们陪同下，亦返至东山潘家巷寻亲。潘志珉的祖父潘遵，太平天国时避战乱，携家从东山敦朴堂逃难到湖北宜昌谋生，奋发图强，经商致富。潘遵生七子，后除老二潘仲荫、老三潘忠之回东山老家生活外，其余四子均散居宜昌、武汉等地，并有三人参加了辛亥革命。

潘遵第六子潘祖信（1889—1962），号诚之，任过国民政府湖北襄樊警备司令，国民政府陆军中将。潘祖信1914年肄业于河北保定陆军军官学校。时值辛亥革命首义会在武昌成立，选居正为理事长，潘祖

信被推为候补理事。1917年在护法革命运动时，潘祖信任护国军湘西夏斗寅部排长，接着又升为连长和营长。1919年冬，在武昌南郊纸坊攻防战中，潘祖信因作战勇敢，被提升为旅长。1928年北伐战争时，他随部攻打津浦线，克蚌埠，占徐州，部队攻入宿县后曾一度任过宿县县长。1932年，潘祖信率领的部队在山东境内连连取捷，使阎锡山部被迫撤回山西，为当时的南京国民政府立下了汗马功劳。1934年因功晋升为副师长，第二年被授予少将军衔。

抗日战争时期，潘祖信任第十补训处处长（师编制），在湖北训练新兵，送往前线同日寇作战，并兼任第五战区司令李宗仁长官部高参，参与战区作战事宜。1944年任湖北襄樊警备司令，授中将军衔。后来，潘祖信因担保其内弟张之一出狱（内弟原名张世定，中共地下党员，在襄樊警备司令部做事时，被湖北国民党特务组织查获在襄樊被捕）而受到牵连，被免去警备司令之职。继被保定军校同窗好友，驻襄樊的二十二集团军总司令孙震聘为顾问。1945年抗战胜利后，潘祖信回到武汉，任湖北宜昌督察专员。1948年受聘为湖北省银行董事。新中国成立后，潘祖信回到了武昌，住在候补街黄家巷6号旧居，靠出租黄家巷余屋维持生活。经常参加国民党革命委员会小组学习，期间他还加入了民主革命同盟。抗美援朝时，潘祖信通过民革组织，将自己武昌解放路一百多平方米地块捐献给了国家，用于购买飞机大炮。

（杨维忠/文　倪浩文/图）

嵩下王氏三祝堂

控保档案：编号为248，三祝堂，位于东山镇陆巷嵩下村，属明代建筑。

三祝堂位于东山镇后山陆巷村嵩下自然村，乃明代建筑，王季桓祖传第宅。2005年被列为吴中区控保建筑。2010年公布为苏州市控保建筑。

嵩下村是东山一个古老的小山村，因村后有座著名的嵩山，故得名嵩下，村中有叶、王两支望族，均历史久远，且代为姻亲。据说北宋刑部侍郎叶逵在洞庭东山所筑的别业，就建在嵩下村，现村中古宅以叶姓居多。还有一支是王姓，莫厘王氏东宅惟善公一支明初定居嵩下，其裔孙与王鏊为族亲。王鏊的曾祖父王彦祥共生五子，长子王昇，字惟善，

与王鏊的祖父王逵是亲兄弟。明初王昇曾被官府征诏，至福建长乐县为主簿，积劳成疾，仅三年就卒于任。其子王琮娶蒋湾（紧邻嵩下村）严景中之女，遂居于嵩下。王昇裔孙世代经商，家境殷富，明代在嵩下筑有三祝堂、鸣和堂、谦和堂、裕德堂等第宅。王季桓，字懋醇，生于民国十三年（1923），为东山莫厘王氏第二十四世孙。季桓的祖父仁燮，父亲叔基都是清

末民初有名的商人。同时，王季桓的祖父、叔祖父及父亲叔基和几个叔叔，妻子均为嵩下叶氏。

王鏊《震泽编》云："东洞庭之峰莫厘最高，又南为寒山，为嵩下，为梁家瀨，为北叶、南叶，为碧螺峰，灵源寺在焉……"嵩山之名源于何时已不可考，与河南少林寺之嵩山同名。有趣的是20世纪八九十年代，电影《少林寺》在全国走红后，因影片中有座大名鼎鼎的嵩山，听说东山陆巷也有座嵩山，不少影迷爱屋及乌，还特地来到陆巷朝观嵩山。三祝堂居于嵩山北侧山坡上，背倚嵩山，面临太湖，气势雄伟，原规模宏大，现仅保存有门厅、照壁、住楼及西侧走廊等主体建筑，古色古香，极具特色。门楼正面已毁，现所置"三祝堂"烫金斋匾，明显为后人所补。门楼背面中层塑有"子孙保之"四个砖雕大字，无落款，上、下层均空白无字。库门右西侧照壁却保存十分完整，其照壁不大，非常古朴，檐下砌有二十只水磨青砖斗拱，下为三方精致的菱形砖雕，中间为笔锭胜图案，左右两侧为两枝砖雕灵芝，照壁四周砌有一圈圆柱形的清水砖雕。

住楼坐北面南，四坡歇山落翼做法。面阔五间，进深六界带前后厢。前檐柱下设提灯式青石柱础，前后步柱下设扁圆形木鼓墩，柱子均

包有黑漆锦布。前置小方格落地长窗，中间八扇，左右两间各六扇。楼下均为三十厘米见方的方砖铺地，这在他处不多见。二楼构架为内四界前后单步形式，抬梁式，山尖施山雾云，脊檩两侧设抱梁云。楼厅两侧置隔板，为明代原物。楼上东、西山墙上窗洞仅宽三十厘米，上下凿槽，用一块小方砖左右移动作窗扇，以解决采光与通风，极具特色。东山旧时有明灶暗房之俗，意为灶间要明亮干净，以防火烛；住房光线需暗，以藏财与防盗，楼上之小窗洞即应其俗而筑。

王季桓和著名画家齐白石为好友，在东厢房内，挂有一幅照片，主人王季桓约七十辰寿，齐白石送一幅《寿桃图》为他祝寿。图中一只花篮，内置三只已成熟的红艳大桃子，蒂部带有几张绿色的桃叶，上书“多寿”两大字，下为“季桓先生雅寿”，落款：白石及一方印章。

三祝堂最具特色的是住楼四坡歇山形式建筑，这是典型的明代民居住宅楼，在现存古建筑中已不多见，极具研究价值。

（杨维忠/文　倪浩文/图）

即将消失的鸣和堂

控保档案：编号为250，鸣和堂，位于东山镇陆巷嵩下村，属明代建筑。

嵩下村为明代莫厘王氏东宅惟善公所居之地，王惟善裔孙多名商大贾，明清时王氏在嵩下村建有多幢规模较大的古宅。鸣和堂为王叔蕃祖上所传。王叔蕃，字四宇，号用锡，生于清光绪五年（1879）。出生仅一日，母亲弃养，全靠祖母居孺人抚养长大。性颖悟，弱冠弃儒服贾，到常熟承祖业经营钱庄。后考入江苏乙种师范学校，肄业后服务桑梓，尽心教育。王叔蕃热心社会公益，凡里间乡人有难，他慷慨解囊以相助，对后进亦尽力以资，被誉为王善人。

鸣和堂坐北朝南，大门东向，原规模宏大，从其遗址基石来看，南北长达百米，东西宽至八十米左右，至少有东、中、西三路建筑，现仅保存有住楼一幢及后门楼。住楼面南，系二坡硬山造。面阔四间带两厢，进深十二点九米。屋架大梁扁作，抬梁式。边贴穿斗式。楼前步柱通顶，底楼前檐柱下设八角形青石柱础，上置坐斗承檐檩。前后步柱下设扁鼓形木柱础。楼前山墙高耸挺拔，非常雄伟。青石库门正面上有“笔锭胜”浮雕图案，背面门楼朴素，为后来维修所致。西侧有一边门，门框为细条水磨

青砖，非常古朴。楼下中间为八扇小方格落地长窗，左右厢房各六扇，均镶有瓦。檐下有十二幅精致的木雕裙板，中间为福禄寿三星肖像，左右分别为梅兰竹菊和东山四季花果图案，为他处所不多见。楼厅左右两侧各六块包有黑漆锦布的隔板，古朴而细致。前轩步柱下扁鼓形木柱础较大，底檐柱下八角形青石柱础更为壮实，与整幢大楼的风格相配。

住楼后面还保存有一座清水砖雕门楼，该门楼面北，较为高宏。砖木结构，哺鸡脊。做法精细，定盘枋和斗盘方上贴做细方砖，雕刻变体如意头纹，转折均成直角，线条都用直线。枋下的“垂云”，亦为直线如意云纹。其门楼有三层精细的砖雕。檐下为六只砖雕斗拱，上层为一条花草纹，中层四周镶有精细的寿字框，中间镌有“竹苞松茂”四个大字，落款已破坏。下层是数朵枝叶茂盛的牡丹花，雕刻极为逼真。而在后门楼西侧边门的上方，还保存有更为古朴的砖雕门楣，深达三厘米，雕有五朵菊花及枝叶，立体感很强，看上去栩栩如生，属明代砖雕中的精品，且整体保存完好。

鸣和堂在2008年第三次全国文物普查时，住楼尚属基本完好，可因缺乏修缮，近年西侧楼厢房已全部坍塌，整座大楼也损坏严重，如不及时修缮，数年后鸣和堂将不复存在，堪为可惜。

（杨维忠/文、图）

藏在深巷里的承德堂

控保档案：标牌号为287，承德堂，位于东山镇永安村，乃清道光、咸丰年间建筑。

承德堂位于东山镇永安村古石巷内，为清道光、光绪年间东河县丞周德梓与直隶同知周传经所建。2005年被列为吴中区第二批控保建筑。2010年公布为苏州市控保建筑。2014年升级为市保文物。

据《洞庭东山周氏支谱》记载：其族为北宋哲学家周敦颐之后，宋代以后世居吴之苏郡。迄明代，周芝品始迁居洞庭东山周家港，为东山周氏始祖。周氏从五世起，以“维”字为首，撰四言八句诗一章，曰：“维文茂奕，世德传昌……”三十二字为字辈。周传经，字庚五，生于

道光二十八年（1848），卒于清宣统二年（1910），享年六十二岁。周传经原为东山后山周湾人，祖上世代为官。曾祖父周奕衔，官安徽六安直隶知府。祖父周世沧太学生候选州同知。父亲周德梓，字九皋，太学生东河县丞。后山周氏从十世周德梓起，于道光年间在前山永安村购地，建造住宅。周传经身材高大，亦有武艺，以吴庠贡生及军功升直隶知府，加盐运使以道员用，戴二品顶花翔。据说周传经并未至浙江候补道台上任，而是通过关系，至天津大沽口船坞任总办，就此发迹，成为巨富。据传，周氏晚年归山时，儿孙成群，仅儿媳就有九房。于是在古石巷周家老宅前大兴土木，建造豪宅，名承德堂，意即承德为上，世德传昌。

古石巷在东新街大杨柳弄西边，南接东新街，北至施家山脚，长约二百米，而弄宽不足两米，这是一座藏在深巷中的恢宏第宅。承德堂原规模极大，街南筑有老宅，街北再建新宅，占地约五亩多。现仍保存有中轴线上四进、西侧花厅四进共八幢建筑。而古宅两边还有备弄，前后左右有天井和花园。中轴线上，进入大门是照墙、天井，两边为厢房。第一进是客厅，两侧有蟹眼天井，植有真竹假笋。紧连着是石库门，其

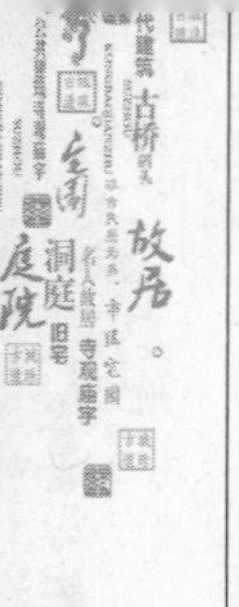

门楼上刻有清水砖雕"承先启后"四个大字，边款上首落款"光绪甲辰年七月"，下边落款"吴郡杨虎"。大厅高敞，面阔五间，结构紧凑，用料粗壮，并悬"承德堂"匾额于堂中。大厅前廊两端有边门通备弄，门上端砖雕分别为"鸾翔"和"凤翥"。大厅后面又是一座石库门门楼，上有砖雕字牌，题刻"作善降祥"等字。

第三进为前住楼，面阔五间，进深七檩，前廊后轩。偏西室内有一口暗井，汲水方便，且能调节室内气温，冬暖夏凉。前楼后面又是一座石库门，上雕"积善馀庆"四字，边落款："光绪甲辰中秋。"这第三进房屋应是光绪三十年（1904）增建。过天井为后住楼，上下二层，构架古朴。第四进房屋置四级台阶，座座升高，意为步步高升。每进房屋之间均有门楼、天井和风火墙相隔。

古宅左轴线上布置有：花厅、小书房、书厅、书屋等建筑。"同乐轩"书厅，宽敞明亮，分前后两半相隔，门及壁板等都有木雕花卉，极为雅致。过天井是"省心书屋"，庭柱上有一对楹联，曰："数百年人间无非积善；第一件好事还是读书。"据说，此联为主人周氏所撰，请人书写后刻于木上。堂内布置大多为苏式明清红木家具，桌椅台几，床榻

橱柜，均古色古香，凝重古朴，精雕细刻，线条流畅。楼后花园内栽种着果树花木，园西布置有石台、石栏、井栏、盆景座、莲花座、石元宝及动植物石雕件，琳琅满目，造型逼真，令人叹为观止。

承德堂现为俞坞村周氏购买，并已全面修缮，基本恢复原貌，准备对游人开放。

（杨维忠/文　倪浩文/图）

陆巷最大的古宅院粹和堂

控保档案：编号为308，粹和堂叶宅，位于东山镇陆巷村文宁巷北，乃清代建筑。

粹和堂位于东山镇陆巷文宁巷内花翎巷东侧，同惠和堂隔弄相携，是陆巷古村乃至整个东山镇现存明清建筑中规模最大的宅院。2014年公布为苏州市第四批控保建筑，现为多家村民私宅。

粹和堂建于清道光年间，为陆巷富商叶藻所建。与现对游人开放、并被誉为宰相府的惠和堂同时建造。叶藻，字是京，民间有说他清道光年间在广西承包开发金矿，发了大财，回家在陆巷文宁巷内同时建造了粹和堂与惠和堂。但从2004年东山有关历史文资料中发现，叶藻晚清时官居一品，其妻为一品夫人。咸丰同治年间他从北京辞官返山后，同粹和堂儿孙一起生活。

花翎巷是一条充满神奇色彩的古巷，长达近两百多米，西侧是惠和

堂与状元墙门，东侧即粹和堂。据说叶藻祖上在清代为官者众多，家中有拱斗，恭奉着皇帝钦赐的官衔，十分显赫。花翎是清代官帽上以示官职大小的标记，有双眼、单眼、无眼花翎之分。叶家建宅起名花翎巷，意为族中世代居官者之多。在陆巷村，粹和堂又有绿阶山庄之称。还有一种说法，当年叶家建造这座第宅时，购买了陆家旧宅建造之故。陆家老宅建于元末明初，是陆巷巨贾陆子敬建造的，后来其独生女招王鏊曾祖王彦祥为婿，于是后来才有了陆王（陆巷）古村。

粹和堂规模极其宏大，四周有高耸的院墙相围，形成一个封闭的大庄园。其宅单体建筑可分为中、东、西和西侧仆房四路。中路有门屋、轿厅、天井、大厅、楼厅、后楼、后屋及花园等五进，其门屋前还有更楼。东路建筑有棋乐仙馆、东住楼二进。西路是客房、戏台、花厅、西住楼等四进。西侧仆房有四组十一间，东路东侧原有依山而筑的绿阶山庄。三路主体建筑之间有东西备弄相通。每进单体建筑之间有庭院、天

井、塞口墙相隔，形成独立的小宅院。宅院南端有东西向的门巷，门巷西端为门第。

门第西向，面阔三间，进深六界。门楼上清水砖雕有三层透雕，可与雕刻大楼（春在楼）的砖雕媲美，内容有古代神话与戏剧故事等。大厅宏伟，上有草架、廊轩等，制作精巧，用料粗壮，大多为楠木。楼厅五间带两厢，面阔二十一点八米，进深十四米，保存完好。住楼亦为五间带两厢，面阔和进深与楼厅相同。棋乐仙馆是粹和堂中最具特色的一幢建筑，面阔三间，上下两层，楼底前廊后轩，略带西洋色彩。门楼西向，楼前有高耸的照墙，可自成一宅院。门楼上清水砖雕精致而清晰，雕刻有三组《三国演义》人物故事，分别为“孔明借箭”“火烧赤壁”“空城计”等，且丝毫无损，保存极为完整。该楼外廊上沿口用磨光细砖贴面，下设回纹挂落，装饰甚为精致，为棋乐仙馆又一特色。东住楼面阔三间带两厢。花厅系二坡硬山造，面阔三间，前后带廊。廊轩前有庭院，小院内堆假山，植花木。

2007年11月，全国文物普查时，粹和堂除更楼、大厅、戏台拆毁，中路建筑中两座砖雕门楼局部损坏外，其余建筑均大多完好。现苏州文旅集团正商议购后进行全面修缮，使之恢复原貌。

（杨维忠/文　倪浩文/图）

—近代建筑—

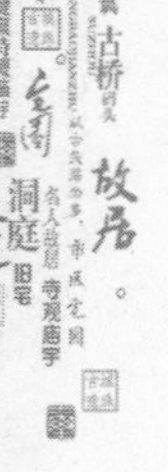

金石街刘正康家花园

控保档案：编号为176，刘家花园，位于金石街33号，乃民国建筑。

刘家花园，别称刘正康故居，位于金石街33号（阊胥路金阊医院内），2003年被列为苏州市控制保护建筑，现为金阊医院使用。在石路西扩中，金阊医院面临拆迁，刘家花园是就此消失，还是被保留，然后复建，难以预测。

据《金阊区志》载：刘家花园的主人名叫刘正康（1874—1939），浙江镇海人。他是一位商人，木材业巨擘，也是一位社会活动家，曾任苏州总商会会董、会长以及救火会会长、“市民公社”社长等职。据说刘正康与上海滩大亨黄金荣有亲戚关系，究竟是什么亲，至今缠不清。

刘家花园建于民国时期，曾有假山、池塘、亭子等，池塘中有深井。据当地老人说，以前，池塘北边有广玉兰、白果树、枣树等，树下

有座坟。不知是否就是不幸淹入池塘的刘正康家小孩的葬所。

后来（具体年份不详），刘正康将宅子转移给林苏民、杨雪桢夫妇。林苏民毕业于日本爱红医科专门学校，曾任江苏医科大学外科教授兼附属助产看护养成所主任、江苏省立医院外科主任。林苏民、杨雪桢夫妇于民国十三年（1924）在这里创办了苏民医院。医院设内、外、儿、妇产科，由留日女医师杨雪桢主持。1937年，苏民医院停办。开始有居民入住。1954年后，居民迁出，建金阊区联合诊所（金阊区医院前身）。两棵广玉兰被移植到了广济路与金门路交叉口。刘家花园的两棵广玉兰，高度都在十八米左右，树冠半径都在八米左右。1990年和2002年广济路拓宽时，都保留了这两棵广玉兰原地不动，后来还为它们修建了围栏。2004年，园林部门为这两棵广玉兰挂上了“二级保护古树名木”标牌，并且注明他们的树龄都已达一百岁。2010年4月，这两株百年广玉兰，因为苏州轨道交通2号线施工等的需要，乔迁到了西环路来凤桥北面的绿地里，与两株百年银杏为邻。

目前，刘家花园大部分原建筑已被拆除，仅存花园一角和亭子等。池塘淤塞，虽经疏通，但深井可能后来遭到了填埋，所以成了死水，难以恢复本来面目。

（郑凤鸣/文　倪浩文/图）

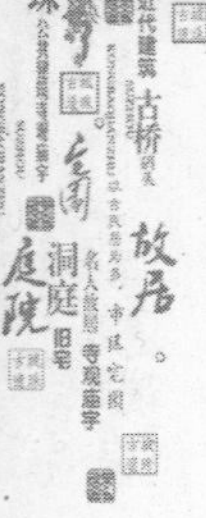

昆曲名票王苐民宅

控保档案：编号为301，王苐民宅，位于甪直镇南市上塘街1号（沈柏寒新宅南），乃民国建筑。

王苐民君
梅蘭芳君
俞振飛君
王得天君

雷峯塔
斷橋相會

價目三種
特座十位百元
五元
三元
一元

王苐民宅位于吴中区甪直南市上塘街1号。王苐民（1896—1953），原名福民、馥民，甪直人。曾任吴县浒关区区长等公职。能诗善画，尤嗜爱昆曲，从沈月泉习曲、兼学身段，曾和梅兰芳同台演过《断桥》，戏中他饰演小青。据云，此宅即梅兰芳为其斥资建造。现有曲尺形青砖住屋一幢、古井一口。

此宅可通过檐廊到达各屋，檐廊下还设计有排水沟，可见建造之初充分考虑了为雨天生活提供便捷。

（倪浩文/文、图）

安徽省原代主席朱熙宅

控保档案：编号为292，朱熙宅，位于吴县新村内，乃民国建筑。

朱熙宅位于姑苏区吴县新村内。朱熙（1879—？），字琛甫，湖南汉寿人。毕业于日本陆军士官学校，后参加辛亥革命。1913年9月3日署江苏陆军第二师师长，后历任江苏军务帮办、山东省及安徽省民政厅厅长、安徽省政府代主席等职。曾主持重印《漳浦县志》。宅为白色西式楼房，红瓦顶带老虎窗。建筑外墙原用城砖砌筑，现经整修已观察不出。

朱宅西式壁炉、烟囱、罗马柱尚存，近处尚有近百年历史的广玉兰一株。朱宅南面紧邻亦有西式楼房一栋，传为民国早期北京铁路总办周某故居。

（倪浩文/文、图）

沈衙弄近代建筑

控保档案：编号为291，沈衙弄近代建筑，位于沈衙弄4-1号，乃民国建筑。

此宅位于姑苏区沈衙弄4-1号。现存建于民国、坐北朝南的青红砖花园洋房一幢，宅史不详。洋房面阔五间，青瓦坡顶四落水，廊设拱券多道，西辟外楼梯。惜乎原庭院已废。今辟为大公园社区同心园，作为国防教育宣传阵地。

（倪浩文/文、图）

景德桥叉袋角朱宅

控保档案：编号为202，朱宅，位于景德桥东南堍，乃民国建筑。

朱宅，俗称红楼，位于景德桥慈济园区内。

建于20世纪20年代，主人为上海青浦朱家。朱家娶天官坊陆翥双二女儿英兰，堪称苏沪巨富联姻。朱家曾祖父在晚清李鸿章打太平军时，为之办理军需，立下军功，又与李鸿章结拜为异姓兄弟，故李鸿章就对其子孙格外地提携，把第一号民营纱厂的牌照给了朱家，朱鸿渡因此成为中国第一个私营纱厂裕源纱厂（新中国成立后称国棉四厂）的创办人。朱鸿渡，曾任户部及刑部郎中、浙江候补道、浙江铜云局总办。朱家在上海开办了裕通面粉厂、裕通面粉公司、裕泰纺织公司，在南昌、南京、武汉、天津等地也陆续办起了工厂和贸易公司。因上海北火车站

附近的叉袋角（横跨闸北和公共租界西区，是长安路、底麦根路、北近苏州河一带的统称）几乎全是朱家的物业，故当时有“叉袋角朱家”之谓。

朱宅系一栋西式别墅，红墙红瓦尖顶。二楼存圈式栏杆，一、二层外立面及一层内堂均有罗马柱装饰。旧式烟囱及壁炉尚存。当年朱家在苏州的房产有多处，现存的还有饮马桥东原总工会的办公楼（一说即习贤堂朱宅）。

与相邻的苏民楼一样，此宅抗战时曾被占作日本特务机关。

（倪浩文/文、图）

尤子谦故宅苏民楼

控保档案：编号为203，苏民楼，位于高井头市三中校园内，乃民国建筑。

苏民楼位于景德桥慈济园区内，由当时的苏州商会总理尤先甲为儿子尤子谦所造。尤子谦于此娶天官坊陆应之与填房所生八女秀蔚，陆尤两家堪称是巨富联姻。尤家曾投资两万银圆创设同仁和绸缎局，尤子谦为股东之一。此外，尤子谦在大陆肥皂厂亦有股份。高井头的原二十一中校址全为尤氏家产。

尤宅在日占时期，被征作日本特务机关。新中国成立后，由王尚忠创办的苏民中学使用，故尤宅亦俗称“苏民楼”至今。1954年，河清、苏民两校合并为私立城西初级中学。1956年，改名为苏州市第七初级中学。1969年，曾改名为人民中学。后与阊南初中合并为苏州市第二十一中学，再后并入苏州市第三中学。几年前，校址经拍卖，归属苏州慈济慈善志业中心有限公司。

该楼建于20世纪20年代，三层欧式建筑，白墙红瓦，俗称白宫。原有烟囱、壁炉。二楼阳台有宝瓶栏杆。带老虎窗。内部房门存钉饰。木质楼梯雕饰亦带明显的装饰风格。

2006年由于该地块规划另作其他用途，苏民楼和离此不远的控保建筑朱宅面临被拆迁的命运。但是两处建筑具有很高的历史研究和保护价值，经过相关部门反复论证，最终决定将两座控保建筑平移至离原地五十米左右的地方。这两幢建筑的总重量近六百吨，平移的总距离达到一百五十米，工程历时约三个月。这也是苏州首次对文物建筑实施整体性平移。

（倪浩文/文、图）

寿宁弄内花园别墅

控保档案：编号为221，某宅，位于寿宁弄2号，乃民国建筑。

此宅位于寿宁弄2号。

1918年的时候，张冀牖（1889—1938）就曾携女儿们（合肥四姐妹，张元和、张允和、张兆和、张充和）迁住寿宁弄8号，据云是一幢花园式的公馆，内辟池塘、假山、花厅，应有尽有。由于门牌变更，现在已经很难落实今日此宅在当时的门牌号了，从目前2号的建筑格局来看，当时这一带应该有不少类似风格的花园别墅，说目前的2号即张冀牖故居也不是没有可能。遗憾的是，1937年10月，寿宁弄6号陈金生家中遭日寇轰炸，女儿被炸死，十间房屋被毁。很可能寿宁弄的其他花园别墅也受到了波及，故目前巷内所存者，仅2号一栋焉。

2号洋房建于20世纪30年代中期，当时此处亦称寿宁村。原系二层欧式建筑，水洗芝麻白石柱，门套雕塑饰花工艺较精，立面形式丰富。原宅传为一国民党委员私宅，也有说此宅曾为戴笠妾侍所住。新中国成立后产权归上海铁路管理局，由上铁苏州铁路司机学校使用，后归苏州

地方政府，辟为市人民政府招待所及铁路司机学校宿舍。

时过境迁，该宅疲态日盛，经拍卖，归于戴姓企业家所有。经其着意修缮，内部装修还参考了沪上马勒别墅、朱斗文公馆，俾使老宅焕然一新。今见宅邸一、二层罗马柱皆为旧物，二层阳台尚存旧时彩色马赛克铺地。

园前恢复假山、池沼，庭园设半亭、曲廊，周遭陈布主人收罗之瓷画石雕，兼有百年瓜子黄杨、桂花相伴，一时风雅。园后，新辟楼厅，胪展明清书画及家具，自名“三惜堂”，洵可与老宅气味相投哉。

（倪浩文/文、图）

顾家花园苏肇冰故居

控保档案：编号为201，苏肇冰故居，位于顾家花园13号，乃民国建筑。

中国科学院院士苏肇冰故居，位于顾家花园13号，为其父苏髯孙建于民国时期。苏髯孙，曾任苏纶纱厂主任秘书、吴县参议会第一届参议员。

苏肇冰，1937年生，中科院院士、物理学家，第三世界科学院院士。1953年苏州中学毕业，1953—1958年就读于北京大学物理系。1991年被选为学部委员。现为博士生导师，中科院院士，第三世界科学院院士。1994—1998年任中科院理论物理研究所所长。

苏肇冰的主要研究领域为强关联多电子系统、介观系统、低维凝聚态系统和非平衡量子统计。他与周光召、郝柏林、于渌合作，系统地把现代量子场论与统计格林函数结合，发展了适用于平衡和非平衡统计的闭路格林函数方法，已经应用到相变临界动力学等多种问题。与合作者论证了电磁波在粗糙金属表面传播的安德逊局域化，提出了在金属小颗粒悬浮液体中可能通过测量吸收系数观察电磁波局域化的迁移率边界的

建议。与于渌合作，推广了黄昆的多声子晶格弛豫理论，建立了准一维有机导体系统中非线性元激发的量子跃迁理论。

现宅为二层西式建筑，青砖外墙。正门门头有锯齿形装饰。一楼地坪尚存进口马赛克遗迹，楼梯带铁艺扶手，二楼有圆形舷窗。

（倪浩文/文、图）

新桥巷顾祝同洋房

控保档案：编号为219，顾宅，位于新桥巷26号，乃民国建筑。

顾祝同洋房位于新桥巷26号。

原有门厅、大厅，今仅存局部花园及二层青砖民国建筑。

顾祝同（1893年1月9日—1987年1月17日），字墨三，中华民国陆军一级上将，江苏涟水人，保定陆军军官学校第六期步科毕业。曾任江苏省政府主席、陆军总司令、参谋总长、国防部长。1946年获得青天白日勋章。后赴台，1987年1月17日在台北逝世，享年九十四岁。顾祝同被

称作国民革命军的五虎上将之一，北伐时曾经驻守苏州，其当时的宅子便是平门附近原为控保建筑的墨园。据当地老住户反映，这新桥巷的顾宅，系顾祝同第七房外室石琦所居。

今见老宅，蓝灰相间的英国进口地砖尚存。原壁炉、烟囱痕迹尚在。外墙青砖的铭文也大多清晰。二楼设方形宝瓶栏杆、老虎窗。

楼前尚存玉兰及石榴各一，难能可贵的是，当时花园中的湖石假山及石笋至今仍有部分保留，且体量可观、造型不俗。

（倪浩文/文、图）

中街路严家淦旧居

控保档案：编号为290，中街路严家淦旧居，位于中街路105号，乃民国建筑。

苏州古城内的中街路，是一条重阳木掩映的林荫大道。人文荟萃的老街，有不少古建筑遗址，比如，石氏宗祠、典业公所、尚始公所、江宁会馆等。清末民初，随着西风东渐，老街周边地区建起了不少考究时髦的西式别墅，宅主多为达官贵人和富商。如今，在中街路105号的苏州创元科技创业园内，保存完好的严家淦旧居尊德堂，已被列入苏州市第四批控制保护建筑名录。

旧居的宅主，是声名显赫的苏州东山严氏望族。严家淦（1905—1993），乳名雨荪，字静波，号兰芬。清光绪三十一年（1905）的农历九月廿五，他出生于木渎的严家老宅羡园，该园俗称“严家花园”，是江南古镇著名的私家园林，现在已经修复对外开放。深受祖父严国馨宠爱的严家淦，自幼聪明好学，生性谦和，四岁时即有“天才儿童”之

称。六岁时，入木渎公立小学堂（现木渎实验小学的前身）。读四年级时，父亲严良肱为了家族事业的发展，同时让儿子在更好的学习环境中打下基础，决定举家搬迁至苏州城里。当时，严家准备购买一块地皮建房。后来打听到一个消息：有人准备出售刚建造完毕、尚未入住的一幢楼房，地址在临近中街路的包衙前（现中街路105号）。

严良肱前往实地查勘。这座新建的楼房，不是传统的苏式住宅，而是俗称“洋房”的西式别墅。这幢具有西方建筑风格的别墅，外墙用清水砖扁砌，屋顶铺盖平瓦。别墅底层的铺地，为坚固的彩色地砖。卫生间的白瓷坐便器，俗称“白马桶”。生活用水，使用配置水塔的“自流井”。别墅内除了作为主楼的起居楼，还有单独的厨房、会客室等附房。

乐意接受西方先进文化的严良肱，对这西式别墅很满意。花钱买下后，他又仿照木渎老家羡园内庭园的布局，利用别墅内的空地植树栽花、堆叠假山、配置小亭，为别墅增添了苏州古典园林的元素。如此，两者中西合璧相映成趣。严良肱还特意在别墅内，辟建了一座小小的书房，为儿子严家淦提供了一个安静的读书场所。

严家淦入住新居后，就近入读私立桃坞中学的小学部。毕业后，升入东吴大学附属中学学习。民国十一年（1922），十七岁的严家淦由校方保送至上海圣约翰大学理学院，主修化学，辅修数学。五年后，他从圣约翰大学毕业。选择的职业，没有从事所学的化学专业，而是效法乡里的前辈，从事商贸金融。民国二十年（1931），二十六岁的严家淦经宋子文引荐，出任铁道部京沪、沪杭甬铁道管理局材料处处长，从此步入仕途。民国二十八年（1939），严家淦任福建省建设厅厅长。后来，调任财政厅厅长。他首创的田赋征实制度，受到广泛好评，推广到全国。民国三十八年（1949），严家淦随蒋介石出逃至台湾。在台湾，他两度出任所谓的“财政部长”，主持台币改革，推行现代预算制度，为台湾早期的金融稳定和财政改革，做出了不小的成绩，人称“理财专家”。过后，他又先后担任所谓的“行政院院长”等职。1975年蒋介石病故，严家淦接任所谓的台湾“领导人”。1978年，严家淦退位于蒋经国，担任台湾的“国民党中央常务委员会委员”。1993年12月24日晚，严家淦病逝。

新中国成立后，严家淦旧居收归国有，苏州互感器厂在此办厂。旧居内的附房被拆除，花木和假山被迁。腾出的空地，建起了厂房。保存下来的主楼，底层辟为厂医务室，楼上辟为厂托儿所。后来，旧居又为苏电研究所使用。如今，保存完好的主楼，纳入苏州创元科技创业园的范畴，租给“中国致公画院苏州创作基地”使用。

主楼坐北朝南，外墙用灰色清水砖扁砌，水泥浆勾缝。屋顶坡度平缓，铺筑红色平瓦。这种俗称“洋瓦”的平瓦，分为功能不同的雌雄爿。铺筑时，两者互相咬合非常牢固，可防止渗水。朝南为正立面。屋基从地面抬高，设置坚固美观的花岗岩条石台阶，共四级。拾级而上，是一条转角走廊。走廊通向东面的一端，另设台阶。东立面墙角下，因地制宜点缀一处绿化小品。嶙峋湖石之间，植有桂树、铁树、青枫等花木，郁郁葱葱生机盎然。

与众不同的走廊，是一条“风景这边独好”的景观廊。铺地的材质，为细腻的水泥拌磨光石子。朝南一面设置水泥坐凳镂空栏杆，饰菱形花纹图案。栏杆之间间隔有序，设置具有典型西方建筑风格的罗马柱拱门。三扇拱门，中间大，两侧小，具有一种对称的错落美。罗马柱“一柱两制”，下部为方形柱，立面凹有长八角形几何图案。上部拱门为弧形造型，立面装饰梯形图案。走廊顶端镶嵌吸顶灯，饰环形边框。走廊西侧墙壁上，镶嵌“严家淦先生故居简介”说明牌。走廊大门口两侧，摆放绿萝等盆景。

主楼的门窗，为木格玻璃窗。朝南一面，中间为四扇落地长窗，两侧各四扇骑墙半窗。东西两侧山墙上，上下层都开设窗户，便于通风采光。主楼内，底层铺地为进口的地砖，饰有几何图形，色彩至今未退。沿木构楼梯拾级而上，可至二楼。楼上铺设楔口实木地板。二楼上面，还有一个小阁楼，用于堆放杂物。六角形的窗宕，可以通风。

如今，这幢已列入“苏州市第四批控保建筑”的严家淦旧居主楼，被用作文化场所。大门口悬挂两块牌子：其一，中国致公画院苏州创作基地；其二，懋彰工作室。画家在此潜心创作，品茗赏画论道，可谓适得其所。不足之处是有关方面对严家淦旧居的介绍，还可以丰富一些。

（何大明/文　倪浩文/图）

宜多宾巷话姜宅

控保档案： 编号为207，某宅，位于宜多宾巷21、22号，乃民国建筑。

在苏州古城区中心，有一条宜多宾巷。老巷位于人民路嘉馀坊北侧，东起人民路，西隔庆元坊与韩家巷直线相连。该巷原名糜都兵巷，为宋代抗金名将糜登故里，后因谐音改为宜多宾巷。苏州人用吴方言读为“耳朵饼巷”。巷内旧有糜登故里、集福庵、兴福庵等名胜以及葱郁的高土墩。民国时期，巷内还有两座具有苏州古典园林风格的庭园住宅，一座是孔宅，在巷内14号，主人为当年国货银行行长；另一座姜宅，现在已列入苏州市控制保护建筑名录，标牌231号。在此，笔者要纠正三处错误。其一，姜宅的门牌号，有的资料标注为21号，有的标注为22号，其实是21、22号并列。其二，《苏州市区控保建筑名录》用“某宅”标注，是因为没有仔细调查清楚。其三，在一些园林书籍中，把宅主记载为姜振祥。其实，宅主是姜证禅。笔者读初中时的一位隔班同学，就是姜证禅的后人。他向我说起此事，并且介绍了有关姜宅的情况。

姜宅原来是一座建于清代的传统老宅，隔庆元坊

（巷名）与听枫园相映成趣。姜证禅在20世纪30年代，购下原来旧宅后，在庭院内增建了两幢洋房。如此，老宅就中西合璧别具一格。整座住宅，共占地一千三百平方米。传统住宅部分，原有门厅、轿厅、大厅、花厅、楼厅等多间。大厅悬挂一块匾额，名“知止堂”。厅堂雕梁画栋，石础古朴典雅，月洞门精致，落地长窗古色古香。地面上铺砌的金砖，为陆墓御窑所产。庭园内一泓清池，锦鳞摆尾，石桥横卧其间。过桥至太湖石假山，沿着洞内石级盘旋而上，可登顶休憩赏景。但见郁郁葱葱的花园内，飞檐翘角的半亭倚贴粉墙，亭亭玉立。枫树、柏树、石榴、枇杷、紫荆、玉兰等花木婀娜多姿。抗日战争期间，宅园被日本军队占用，部分建筑受损，池塘也改建为防空洞。

新中国成立后，由于众所周知的原因，姜宅大部分收归国有，仅留小部分归姜氏后人居住。“文化大革命”期间，大厅内珍贵的“知止堂”匾额被红卫兵砸毁，园貌面目全非。1996年，苏州有关方面把姜宅列为待修复的十处袖珍古典庭园之一，取名为“宜园”。园名的含义有二：一是园址在宜多宾巷；二是指园内景色宜人。后来因产权等原因，修复后未能对外开放。宜园之名也不再提及。

现在的姜宅，产权变更，为苏州市机关事务局所有。22号门口，悬挂一块白底黑字匾，额“苏州市德善之城文明促进会”。21号门口悬挂一块棕底蓝色匾，额“苏州志愿者总会”。清水砖扁砌的墙上，镶嵌两扇对开镂空铁艺门。进门到底，是一座庭院。院门为民国年间建造，具有西洋风格。门框内外两重，外框为磨光石子水泥构成，内框为花岗岩条

石。两扇对开红漆大门上方的门楣上，两端各塑一颗五角星。院门边的一个角落，因地制宜布置为花台。花台内点缀一峰湖石，栽植一棵棕榈。

进门，为一座幽雅的庭院。卵石铺地的庭院内，栽植棕榈、桂树等花木，郁郁葱葱生机盎然。葡萄藤沿花架攀缘而上。墙壁上附着的爬山虎，尽显历史沧桑。几峰湖石错落有致，玲珑剔透。石桌石凳点缀其间。西南角隐藏一湾水池，狭长有致，围以嶙峋湖石为岸。池中金鳞摆尾。水池仍为当年遗构，但面积已经大大缩小。

坐北朝南的两幢洋房，一东一西并列，间隔有序。其南面正对庭院。洋房为民国时期所建，外立面用灰色清水砖扁砌，水泥浆勾缝。屋檐铺筑平瓦。东面的一幢洋房为楼房，体量较大，制式为“假三层”。墙上镶嵌木框玻璃窗。二楼朝南一面设置阳台，围以水泥镂空栏杆。西面一幢洋房为平房，体量较小。两幢洋房之间，以一条东西向的空中楼廊连接。与众不同，东面洋房的东侧，还有一条南北向的空中楼廊，通向庭院东南角的“楼亭”。庭院大门旁，有一座小型门厅。该亭就设置在门厅顶上。亭子制式为四角攒尖顶。夏夜，主人一家在此摆开藤椅竹榻纳凉，独占形胜别具风情。这种建于屋顶的楼亭，在老宅中实属罕见。据说，当年日军占用姜宅时，曾经利用楼亭站岗放哨。

如今，姜宅得到合理利用，已辟为苏州志愿者总部。在总部的领导下，广大志愿者乐于奉献，传承中华民族美德，为苏城百姓乐善好施，不断传递社会正能量。笔者以为：有关方面不妨搜集有关日军在此为非作歹的资料，辟建展厅，从而使姜宅也成为一处爱国主义教育基地。

（何大明/文　倪浩文/图）

德馨里严家淦旧宅

控保档案：编号为190，严家淦旧宅，位于德馨里6号，乃民国建筑。

严家淦是民国时期国民党政府的要员。他在苏州有多处故居旧宅。其一名“羡园”（严家花园），位于木渎镇山塘街王家桥畔。羡园为重建的苏州古典园林，现在已经对外开放。其二名“馀里楼”，位于吴中区木渎镇西街64号，系苏州市第四批控保建筑。其三名“严家淦旧居”，位于姑苏区中街路105号，系苏州市第四批控保建筑。此外，还有一处控保建筑名“严家淦旧宅”，位于姑苏区西中市德馨里6号。该宅建于民国时期，为具有海派风格的西式洋房。

严家淦是声名显赫的苏州东山严氏望族。清光绪三十一年（1905）

的农历九月廿五，严家淦出生于木渎的严家老宅羡园。深受祖父严国馨宠爱的严家淦，自幼聪明好学，生性谦和，四岁时即有“天才儿童”之称。六岁时，入木渎公立小学堂（现木渎实验小学的前身）。读四年级时，父亲严良肱为了家族事业的发展，同时让儿子在更好的学习环境中打下基础，举家搬迁至苏州城里，住在购买的一幢洋房里，地址在临近中街路的包衙前（现中街路105号）。后来，又住在西中市德馨

里6号。

严家淦的生平详见前文。

说起严家淦旧宅，不能不提及德馨里这个特殊的地域。德馨里和它所在的西中市，地位不凡，是清末民初苏州金融业的摇篮和聚集地，有“金融一条街”（西中市）和“金融里弄”（德馨里）之称。根据光绪三十四年（1908）苏州商会统计，当时苏州有钱庄二十四家，其中二十一家在西中市和德馨里。而德馨里，更是苏州金融业银行的摇篮。早在民国元年（1912），江苏银行就设立于德馨里。民国三年（1914），在德馨里14号设立中国银行苏州分行（现已列入控保建筑）。后来，改称为支行。民国二十二年（1933），江苏银行苏州支行迁至观前街，支行房产被严家淦父亲严良肱买下来，从事金融业。与德馨里14号近在咫尺的6号，则作为严家住宅。严家淦在桃坞中学读书时，曾经居住于此。在这里，严家淦耳闻目睹，接触到最初的金融知识。如此，为他成年后从事金融业和担任国民政府的财政部长，打下了一定的基础。

德馨里既是金融机构所在地，又是金融机构高管住宅所在地。它是一处规模可观的海派里弄式建筑群，由上海建筑师按照沪上里弄式洋房设计。每幢洋房，其结构不采用传统的立帖式构架，而采用砖混柱承重。木架屋面上，铺盖当时时髦的平瓦（俗称洋瓦）。外墙全用九五砖扁砌清水墙，水泥浆勾缝，坚固耐用。

德馨里的整体布局，非常科学合理。它由南北与东西向的两条小弄十字相交，有序地分隔成为四个区域，整个建筑群形成一个“田”字形格局。南北向的小弄，南门口在天库前，北门口在西中市。东西向小弄，东出口在舒巷（直对天灯弄），西出口原来是贻德里（塑料厂的东侧门）。四个方向的出口门，分别用“过街楼”衔接。这种别具一格的“过街楼”，居高临下视野开阔，便于值班人员晚上在此监视，有利

于当时金融机构的防盗防火。其北门口过街楼，底层为门宕过道。门楣上塑八个繁体字楷书：江苏裕苏官银钱局。二楼外立面为拉毛水泥面。上面白底黑字配方框，题额三个行书：德馨里。

德馨里的几十个门牌，大多是独立门户的二层楼或三层楼洋房。底层客厅地坪为预制水泥仿花砖铺地，楼面采用当时先进的楔口地板。宅基的中心部位大多不设楼层，空留出较高的空间，上置天幔与天窗。楼上的每间房屋，都环置于天幔之下的四周。大门都朝着中部的共享空间，有利于采光和通风。楼层外围置走廊，设置花瓶柱木栏杆。到目前为止，在全国范围内，保存完好的清末民初江南官办金融业住宅建筑群，可能仅德馨里“一家独秀”了。其保留价值非常珍贵。

民国后期，德馨里6号严家淦旧宅被一个朱姓老板买下，辟为“大中南旅社”。如今，外立面门楣上，“大中南旅社”五个楷书尚存，但“南”字已经受损。与众不同，该旅社具有双重功能：底层辟为苏州评弹书场，二楼供旅客住宿。书场延请名家前来演出，长年不断。曲目有《珍珠塔》《玉蜻蜓》《三笑》等，皆为脍炙人口的传统书目。如此合二为一，近悦远来，生意自然兴隆。新中国成立初，德馨里成为国有直管公房，但大中南旅社仍然对外营业。“文化大革命”中，红卫兵“破四旧”，朱姓老板的旅社也成为目标。在砸烂“大中南旅社”的字额时，因为水泥异常坚硬，砸了很长时间，才铲除“南”字的下半部。于是，剩余的字幸免于难。但是，散布所谓“封资修”流毒的朱老板却在劫难逃，惨遭红卫兵挂牌批斗。一个风雨交加的夜晚，不甘受辱的朱老板在虎丘山自尽，令人扼腕叹息。

如今的德馨里6号严家淦旧宅，尚存原貌，已散为民居，楼上楼下住有十几户居民。这幢洋房的形制，为独栋二层楼。东西两侧，原来各设置一道石库门。现在，西侧的石库门经过改建后已不存。东侧的石库门，镶嵌花岗岩条石门框。门框内，配置两扇对开黑漆木门。底层外墙镶嵌木框玻璃窗，楼上的窗户，已改建为现代化的铝合金移窗。

笔者前往实地采访时，居住于此的“老苏州”，向笔者说起一个感人的护井故事。严家淦旧宅门前，有一眼青石栏水井，形制为内圆外八角。多年前，居住于此的几个外地人，在附近开设餐饮店。因为井水已经变质不能用，就把清洗的食材杂物随手扔进井内。附近居民知道后，就把井口用水泥封住。后来，有一个收旧货的人来此，出钱想购买青石井栏，被居民一口拒绝。如今，这个弥足珍贵的青石井栏，仍在原地完好保存。具有文物保护意识的当地居民，谱写了一曲感人的护井佳话。

（何大明/文　倪浩文/图）

颜家巷庞莱臣故居

控保档案：编号为110，庞莱臣故居，位于颜家巷26、28号，乃清代建筑。

颜家巷是古城内的一条通幽小巷。小巷人文积淀丰厚，名人故居众多。宋代，工部员外郎颜度居此，小巷因此得名。16号海粟楼，系现代著名学者、《宋平江城坊考》作者王謇故居（巷内潘宅移建于此，合二为一，现在以潘宅命名，已被列入控保建筑）。20号赵宅，已被列入控保建筑。巷内26、28号，名“庞莱臣故居”，也同样被列入控保建筑名录。需要说明的是：在大新桥巷21号，还有一座被列入控保建筑的庞莱臣老宅，以“庞宅”命名，两者不能混为一谈。

庞莱臣的庞氏一族，尽管没有被列入苏州名门望族，但其先祖声名显赫值得一提。三国时期的庞统，运筹帷幄多谋善算，军事才能并不亚于诸葛亮。诸葛亮被称为“卧龙先生”，庞统被称为“凤雏先生”，两者交相辉映。在闻名遐迩的赤壁之战中，吴蜀联军之所以火烧曹军战船取胜，庞统的“连环计”功不可没。

庞莱臣（1864—1949），名元济，号虚斋，浙江省吴兴（今湖州）南浔镇人，系南浔赫赫有名的“四大巨富”之一。他继承父

业，是一名事业有成的实业家。庞莱臣在家乡南浔开设了国药号、米行、酱园、酒坊，又在苏州、上海、杭州等地开设造纸、当铺钱庄、房地产业等，盈利丰厚。但他乐善好施，深受附近百姓好评。庞莱臣对文物古玩颇有研究，是著名的收藏家。他以自己的“号名”，题故居内书斋为“虚斋”。“虚斋”为收藏珍品之所。其藏品丰富多彩，品种涉及玉器、青铜器、瓷器、书画等。早在年轻时代，庞莱臣就对书画有兴趣，也学过绘画，并且取法“四王”，功力较深。其藏品以名家书法绘画为多。只要看见名人墨迹，就不惜重金购买。藏品的年代，上至五代，下及民国时期。品位被誉为“江南第一”。为了更好地珍藏这些书画，他专门聘请几位画家常年住在自己家中，对藏品进行鉴别、编目和整理。庞莱臣对藏品精心研究后，编著了三本书：《虚斋名画录》十六卷、《虚斋书画续录》四卷、《中华历代名画记》。庞莱臣去世后，其大部分藏品由后人捐献给国家博物馆。

庞莱臣故居建于清代，为苏州传统建筑宅园。其格局坐北朝南，西宅东园。西路依次为门厅、轿厅和大厅。尚存的门厅和轿厅，已分隔为多家住户。东路依次为花园、楼厅，以及民国时期建造的一座洋房。花园以水池为中心，池上横卧三曲花岗岩平桥。池塘南面堆叠湖石假山。山上栽植一株珍贵的白皮松。池塘南面筑楼厅，上下各三间，为宅主当年题名“虚斋”的书斋。洋房为庞氏后来专门建造的居住楼。

现在的庞莱臣故居，门牌为颜家巷26、28号。西路（门牌28号）门厅的正脊，塑哺鸡脊。中间塑圆形“五蝠捧寿”图。门厅朝南贴砌的一堵外墙，与众不同比较少见，通体以磨细方砖斜角贴面，给人以秀雅与豪放兼具之感。墙壁上凸起四根砖细面墙柱，间隔有序排列。顶端托起砖细垛头。叠涩而砌的垛头上面浮雕砖细图案，两幅为莲花图，另两幅为“单狮戏绣球”，原汁原味栩栩如生。墙壁之间，镶嵌两扇砖细框冰裂纹花窗。花窗之间，悬挂“控保建筑”标志牌，以及“故居简介”匾式说明牌。第二进为轿厅。北面墙壁上，残存砖雕门楼一座。门楼塑哺鸡脊，两侧悬垂莲柱。中枋字牌题“闳规远绍”四字，系清嘉庆二十二年（1817）款。根据落款年代分析，庞宅的建造年代，不会晚于嘉庆二十二年。其时，庞莱臣尚未出生。庞宅有可能为他人所建。可以佐证的是：庞莱臣在大新桥巷21号的老宅，为清代同治年间，他的先人庞庆麟购得陈氏行馆后修缮。

东路建筑，悬挂26号门牌。门口紧贴墙壁，有一眼古井。井栏材质为花岗岩，制式为内圆外六角。井内仍然出水，可惜居民已很少使用。东路经过改建，院墙与西路砖细院墙不同，为普通砖块砌筑，外面涂上纸筋后刷黑。原来的石库门，改建为水泥边框木门。对开木门上，悬挂破旧的报箱和牛奶箱，与周边环境极不协调。门上新修的一个门罩，尚存古意。小青瓦排列的屋檐上，塑纹头脊。檐下一方字额，引人注目。字额为篆体，题“德泽凤雏”四字。“凤雏”即三国时期凤雏先生庞统。其含义为：先人的恩泽惠及后人。字额表明了宅主庞氏的身世不同凡响。进门，延伸一条铺地为青砖的备弄。墙上垂下的藤蔓生机盎然，浸淫着历史沧桑。原来的花园，如今已不存，遗址上建起了住房。面

阔三间的楼厅仍在，破旧的落地长窗、残存的挂落、裂缝的方砖铺地，诉说着昔日的辉煌。楼厅北面，是民国年间增建的一座两层洋房。因地制宜，洋房立面呈曲尺形，门前形成一个小庭院。外墙用青砖扁砌，水泥浆勾缝。雨水管从屋檐沿外壁延伸至地面。但奇怪的是：檐瓦不用通常的欧式平瓦，而改用传统的小青瓦（蝴蝶瓦）。也许，这也是中西合璧吧。大门前设置花岗石台阶，仅有二级。落地长窗镶嵌玻璃。裙板上雕刻枫叶图案。木框玻璃窗设置长条形水泥窗台。窗台上摆放着蟋蟀盆。如今，不知什么原因，破旧的洋房已经空关，给人一种凄凉的感觉。

庞莱臣故居的楼厅内，曾经住过一位著名的苏州评弹演员，名徐云志。徐云志（1901—1978），原名徐燮贤，又名徐韵芝，苏州人。他从小喜欢听苏州评弹，十四岁投师夏莲生学《三笑》。徐云志凭借嗓音好、音域宽的条件，创造了一种新的唱腔，称为“徐调”。徐调又被称为“糯米腔”“迷魂腔”。当时，颜家巷内还居住着另外两名苏州评弹演员，他们是姚荫梅和张鸿声。夏夜在巷内纳凉时，三人常常聚集在一起，免费为乡邻演唱。众多评弹爱好者听说此事，慕名纷纷前来。一时间，小巷人满为患（欢）。颜家巷，也得了个“评弹巷”的雅称。而三位评弹演员的姓，也被人用谐音的方法，趣称为“徐校（姚）长（张）”。

（何大明/文　倪浩文/图）

梵门桥弄尤祥和宅

控保档案：编号204，尤宅，位于梵门桥弄42号，乃民国建筑。

在古城区金门附近，有一条东西向的街巷，名“梵门桥弄”。历史悠久、人文荟萃的小巷，原来称为杨衙前，因明末复社名士杨廷枢居此而得名。巷前原有一条小河，名梵门桥河。河道填埋后，改称梵门桥弄。巷内名人故居等古建筑不少。8号吴宅，原为明代大学士王鳌故居的一部分。附近高井头有裘皮公所，肃封里有嘉寿堂陆宅。

尤宅在梵门桥弄42号（控保建筑名录误作45号）。该宅系民国年间建造的西式别墅，已被列入控保建筑名录（标牌228号）。有关尤宅的前世今生，未见有关史料记载。笔者前往尤宅实地调查时，遇到住在尤宅隔壁的余先生。余先生是一位多年居住于此的“老苏州”。他向笔者介绍了有关尤宅主人的情况。

在中国百家姓中，尤氏起源较晚。在苏州，尤氏也跻身于名门望族。据苏州大学珍藏的《尤氏宗谱》记载，尤氏的兴盛，最早在南宋初。南宋大诗人尤袤官至礼部尚书，为南宋“中兴四大诗人”之

一。江苏省的苏锡常地区，是尤氏分布的集中地。苏州一带的尤氏，先后形成了北桥支、斜塘支、刘家浜支等著名分支，成为苏州名门的后起之秀。刘家浜支的尤先甲，曾经担任清末苏州商务总会总理，是苏州著名的实业家和社会活动家。他在刘家浜的故居，已被列入苏州市控制保护建筑名录。

梵门桥弄的尤宅，主人名尤祥和，与尤先甲是同族，也属于刘家浜支。他是民国时期苏州著名的工商地主，拥有不菲的田产、房产和企业。其房产分布在刘家浜、肖家园、梵门桥弄等多处。高井头原二十一中学内的苏民楼，原来也属于尤家，已被列入控制保护建筑。鲜为人知，他和尤先甲还是苏纶厂（苏纶纺织厂）和苏经厂（苏经丝织厂）的股东。光绪二十年（1894），中日甲午战争爆发。由于清政府的腐败，中国不幸战败。根据和约规定，苏州开埠通商。为了“振兴商务”，经两江总督张之洞奏请朝廷批准，成立苏州商务局。于是，官督商办，决定开办苏纶厂和苏经厂。为了筹集办厂资金，向社会有一定经济地位的士绅募集。抱着“实业救国”的信念，尤祥和与尤先甲积极捐资，成为苏纶厂和苏经厂的股东。

20世纪20年代末，西风东渐，苏城建起了具有欧洲建筑风格的洋房。这些洋房主要分为两大类：多户居住的里弄式公寓、独户居住的花园别墅。尤祥和在梵门桥弄的洋房，属于高档的花园别墅。中西合璧，楼房具有欧式风格，花园则传承古典园林韵味。抗日战争爆发后，日军侵占苏州，尤宅一度被日军占领，成为日军宪兵队的驻地。大门口的狼狗虎视眈眈，行人往往吓得绕道而行。宪兵队与汪伪苏州特工站（地址在祥符寺巷90号）相互勾结。双方“约法四章”，在特务活动中互通有无狼狈为奸。宪兵队还派出专人，担任特工站的联络员，成员有武植隆、松田晋、永森、近藤利男等人。被宪兵队抓到的抗日战士和爱国人

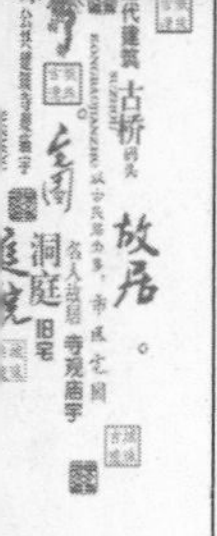

士，曾经关押在此。遗憾的是，这一段历史却鲜为人知，未见有关史料记载。新中国成立后，尤宅除了一部分归尤氏后人居住，其余部分收归国有，成为金阊区房管局的直管公房，入住多户居民。“文化大革命”来临，尤宅被红卫兵抄家。据余先生介绍，从尤宅中查抄出一堂红木家具，以及欧式落地自鸣钟等高档用品。

现在的尤宅，旧貌尚存，住有多户居民。整座别墅坐北朝南。院墙一字排开，叠砌的砖块外涂抹水泥。六根立柱间隔其间。立柱中间装饰条形花纹。东侧为拱形边门。中间为正门。正门两侧装饰几何图案。门前设置花坛，栽植冬青、青枫等花木。正门原来配置铸铁镂空花纹艺门，现在已不存。两侧原有的耳房，现在也不存。

进门为石板庭院。两株广玉兰郁郁葱葱，生机盎然。空地上搭起的简易房，与近在咫尺的别墅主楼形成鲜明的对比。主楼为一幢两层楼的洋房。外墙用灰色清水砖扁砌，水泥浆勾缝。屋檐铺设灰色平瓦，开设气窗。与众不同别具一格，主楼的外立面呈八字形。中间凹进为前廊，铺地为进口的马赛克地砖，饰彩色几何图形。廊前有四级台阶。墙上开设木构玻璃窗，有伸出型窗台。底层中间原来为会客厅，两旁分别为书房和休息室。从会客厅北面的木楼梯拾级而上，可至二楼。二楼原来为卧室，分隔成多间，铺设考究的地板。朝南设观景阳台。阳台的栏杆，不是常见的花瓶柱制式，而是罕见的奇怪图案。图案由双圈状和疑似齿轮状构成。笔者分析：这两种图案，有可能是主人从苏纶厂的机器零件上得到灵感而设置。但实事求是讲，它们组合在一起比例失调，缺乏和谐的美感。

主楼北面是一幢两层的附楼。两楼之间以水泥天桥连接。附楼底层原来为厨房，楼上为卫生间。卫生间内配置当时时髦的抽水马桶，以及莲蓬头等淋浴设备。从附楼外面设置的露天水泥楼梯，可至顶层的晒台。围以栏杆的晒台，其作用除了晾晒衣服外，还可以“晒人”。冬天，在阳光下取暖其乐融融。可惜，现在的晒台已经搭建为违章的房屋。附楼北面原来有一座小花园。园内堆叠湖石假山，栽植各种花木。现在花园已不存，遗址上建起一座现代化三层楼房，供多户居民居住。

作为控保建筑，尤宅具有一定的历史价值和建筑价值。对此，笔者提出二点建议：其一，院墙上丢失的“控保建筑”标志牌，应该及时补上。有关当年日军宪兵队的资料，不妨挂牌说明；其二，宅内乱搭乱建的违章建筑，应该及时拆除，从而消除火灾隐患。

（何大明/文　倪浩文/图）

汪伪特工部旧址

控保档案：编号为289，祥符寺巷汪伪特工部旧址，位于祥符寺巷24号，乃民国建筑。

苏州古城闹市中心接驾桥附近，有一条东西向的千年古巷，名“祥符寺巷”。北宋大中祥符年间，巷内的西竺寺改名为祥符寺，古巷因寺而名传承至今。巷内人文荟萃，古迹众多。轩辕宫和陆宅保留至今，已被列为苏州市控制保护建筑。如今，汪伪特工部旧址（汪伪特工站），又被列入第四批控保建筑名录。

钱氏别墅藏珍宝

汪伪特工部旧址（汪伪特工站）的前身，是蒋氏别墅。当时的地址，是祥符寺巷90号。该宅是一座建于民国年间的西式花园别墅。其主

体建筑是一幢考究的假三层洋房。附属建筑包括：宴会厅、会客室、餐厅、藏书室、书斋、汽车库、门房、厨房、杂物间，以及一座幽雅的庭园。园内栽花植树，叠石掇山，颇具城市山林雅趣。整座别墅，占地面积约一千平方米。

别墅主人蒋仲川（1890—1954），系清末苏州著名绅士蒋季和之子。蒋仲川早年投身军旅，毕业于国民党军委会军需总监专业学校，历任国民政府军需总署处长、第三兵站总监分监等职务。民国二十二年（1933），由于军内派系之争，蒋仲川脱离军界，回到苏州创办实业。在市郊木渎，置办“绣谷”和“乐园”两大营利公墓。在苏州仓街，开办汽车驾驶培训学校。同时，还在苏州祥符寺巷购得某宅大院，投入巨资大兴土木，历时三年建成蒋氏别墅。民国二十五年（1936），蒋仲川奉命重归军队，任第三战区兵站总监部少将参议，负责军需。第二年，抗战全面爆发。不久，蒋仲川率领的五十条满载军需物品的船队，在安徽东坝地区受阻无法开航。在日寇的追击下，船队溃败散失。蒋仲川害怕被追究责任，绕道广德入浙江，再逃至上海。后来，他与同乡王逸民在上海合伙开办钱庄。苏州沦陷后，蒋仲川因高级军职被日寇列入“敌方人物”，其在祥符寺巷的住宅被查封。民国三十二年（1943），蒋仲川经营的钱庄破产后，潜回苏州，躲在哥哥蒋伯年的庄园（今东园的一部分）内，杜绝一切社交活动。后来，租借在菉葭巷一户陈氏老宅内，过着与世隔绝的隐居生活。新中国成立初，市政府曾经动员蒋仲川出来做些文史整理工作。1950年10月，蒋仲川中风后，连续三次复发，瘫痪在床失去生活自理能力。1954年农历十一月二十六日，他病故于苏州。

蒋仲川爱好收藏，是一个鲜为人知的钱币收藏家。其收藏的藏品，涉及瓷器、古籍善本、名人字画和信札等，尤以金银币为贵。生前著有《中国金银币图说》问世。其所藏的一枚清代“广西省造光绪元宝”银圆，为旷世珍宝，存世量不足十枚。曾经有人高价求购，但蒋仲川不舍得割爱，婉言谢绝。抗战爆发，蒋仲川出走避难前，将所藏文物古籍，暗藏于一间密室内。

南部公馆慰安所

抗战全面爆发后，国民党军队节节败退。民国二十六年（1937）

秋，日本侵略军从上海金山卫登陆后，沿沪宁线不断进犯。11月，日寇进驻苏州。敌酋石川部队为驻苏警备队。石川手下有一个小头目，名“南部”，专搞谍报工作。该人系朝鲜族人，曾经流浪中国多年，对中国的风土人情、社会习俗都非常了解，诨号“中国通”。南部搜罗了当地的一批流氓地痞，组成了一套情报班子，专门收集我抗日军民的情报。

打听到祥符寺巷90号系蒋仲川别墅，南部非常高兴。于是，立即进驻蒋宅，将其作为日寇的情报机关。这个秘密的特务活动据点，对外以“南部”之名称为“南部公馆”，以此遮人耳目。这是苏州沦陷后，第一个有形的日寇特务机关。听说蒋仲川是一个钱币收藏家，南部又兴奋不已。他们翻箱倒柜四处搜寻，终于发现了藏宝处。于是，金银币等古玩被抢劫一空。不少古籍散落霉变。寒冬来临，特务们为了烤火取暖，竟然将珍贵的家具劈开作为燃料。

南部公馆尽管在苏州的时间不长，却为非作歹，干尽了伤天害理的坏事。更令人气愤的是：南部公馆内还设立过短期的“慰安所”。据《江苏政协资料汇编》揭露：当时，为了满足日寇发泄兽欲的需要，南部公馆派遣特务到城里和乡下，四处抓捕年轻貌美的“花姑娘”。对于抓到手的慰安妇，南部公馆的特务自己先满足兽欲后，才运往前线部队。据有关资料统计，当时共计输送了两千名左右的良家女子充当慰安妇。不久，臭名昭著的南部公馆停止活动，南部本人也被调离苏州。

汪伪特工站沿革

抗战时期，投靠日寇的汪精卫政府上海特工总部，在苏州组建了一个下属特务机关——苏州特务工作站（特工站），首任站长为黄毅斋。此人在抗战前，系军统特务组织（复兴社）苏州特别组代组长。他以《苏州早报》记者以及吴县警察局督查员的身份为掩护，为军统特务机关服务，时间长达三年。民国二十八年（1939），汪伪特工总部在上海诱捕劝降了黄毅斋。于是，黄毅斋改换门庭，化名王道生，于当年八月筹建了汪伪苏州特工站，地址在府前街福民桥弄1号（前门在东善长巷）。

汪伪苏州特工站的成立，得到日寇土肥原中将的全力支持。此人系日本派遣军司令部的特务首脑。双方“约法四章”，在特务活动中互通有无狼狈为奸。不久，在日军驻苏宪兵队的同意下，汪伪苏州特工站

迁至祥符寺巷90号钱氏别墅。为了保密，特工站的站名，就以巷的门牌号，称为“90号”。其组成人员，以复兴社黄毅斋及其同伙为主，与沪宁线上的另一特务组织——国民党军事委员会调查统计组的部分人员，拼凑而成。这些特务的公开身份，在城区范围内，一般为新闻记者、政府机关的中下级职员。乡镇的情报员，多由当地的区、乡、镇公所，以及警察局（所）、学校、商店等在职人员兼任。日军驻苏宪兵队也派出专人，担任特工站的联络员。

苏州特工站成立后，先属南京特务区领导，后归上海特工总部领导。苏州成立实验区后，又归实验区领导。苏州特工站的下属机构主要有：总务股（管理收发、文书、档案、交通等事务）、情报股（分为编审、指导、登记统计三个部分）、组训股（掌握内部人员的组织、训练、思想及工作成绩的考核）、侦行股（分为侦查组和行动组）。主要任务为侦查、监视、抓人、审讯、管理禁闭室以及完成某些突击性任务，警卫队还负责整个特工站的警戒保卫任务。此外，特工站下面还设置常熟、吴江、昆山三个分站。昆山分站下辖太仓组。

民国三十二年（1943）9月6日，汪伪头目李士群在上海遭到日本人暗杀后，日本主子立即提出要求：改组汪伪特工组织。于是，汪伪特工总部改组为政治保卫局。它不属于汪伪国民党中央领导，改为军委会领导。其组织、人事、职权和使用经费都被约束，工作范围也逐渐缩小，通常以收集情报为主。保卫局下设第一、第二两个局。苏州属于二局管辖下的苏州分局，领导江南各县支局。苏州特工站改为苏州支局。抗战胜利后，苏州分局和各支局均由军统派人接收，改组为军统江南特别站。

声名狼藉特工站

特工站的任务，就是千方百计分化、削弱和破坏当时的抗日统一战线，扼杀抗日军民力量。无论共产党还是国民党，无论中统还是军统，无论新四军还是江南抗日义勇军，无论游击队还是忠义救国军，甚至自发性的民众抗日社团，都是特工站的收集对象和追逐目标。他们只求目的，不择手段。抓到“可疑分子”后，特务采取软硬兼施的两面手法：或者以金钱、美女和官职为诱饵，煽动被捕者叛变投降，或者以皮鞭、老虎凳、辣椒水严刑拷打。汪伪特务头子李士群兼任汪伪江苏省省长和江苏保安司令后，集军、政、特三权于一体，气焰更加嚣张。特工站的权势也越来越大，就连汪伪官员和社会名流，也要让他们三分。其迫害抗日组织和抗日志士的罪行，可谓罄竹难书。

民国二十八年（1939）12月，由于叛徒陆宗庆自首告密，出卖组织，中共地下党外围组织吴县救国会遭到破坏，损失严重。潘华、薛白薇、杨鼎元等多人被捕。潘华等人虽然遭到特务严刑拷打，但坚贞不屈，没有透露任何军事秘密。不久，潘华被我地下党保释，出来后调往阳澄湖地区工作，担任阳澄县长。民国三十年（1941）6月，潘华等六人不幸被“假抗日、真反共”的土匪游击队胡肇汉抓获。六名抗日志士被剖腹挖心，惨死于渭泾塘肖家浜。

民国三十一年（1942）5月，日寇驻苏州宪兵队与苏州特工站密谋策划，对我抗日志士发动一场大逮捕行动。宪兵队将一份“不良分子”的黑名单，交给特工站审查和补充，提出实施方案。汪伪特工站派遣特务多人参加逮捕行动。在抓获的一百三十余人中，除了抗

日志士，还有一部分是无辜的百姓。经过审讯，这些人都被送往南洋群岛服苦役。

汪伪苏州特工站利用特权，为非作歹，横行霸道，对其他敌伪组织人员也进行残杀。民国二十九年（1940年）8月的一天，吴县伪县长郭曾基前往县署上班途中，被人暗杀于司前街北口。行刺者为军统蓝衣社苏州站行动组组长顾金华。事后，特工站逮捕了顾金华。第二年，蓝衣社成员为了躲避"清乡"，陆续从苏州向上海转移。汪伪上海特工总部会同苏州站，在上海、苏州、常熟等地，将站长、书记以及核心成员四十余人一网打尽。后来，这些人有的被释放，有的被留用，也有的病死于监狱。

汪伪苏州特工站内部，也经常演出"狗咬狗"的闹剧。民国二十九年（1940）仲夏，特工站警卫队分队长张吉平，向站长黄毅斋有所要求未遂，走出办公室时，拔出手枪对空连发三枪泄愤。张吉平被当场扣留禁闭。过后，副站长和警卫队长都被逮捕，送往上海特工总部受到纪律处分。被缴械的警卫队改组后，造成清一色的"黄家"统治局面。

如今，已被列为控保建筑的"汪伪特工部旧址"，有关方面及时整修后，应该陈列必要的特工部资料，使之成为对广大青少年进行爱国主义教育的一个基地。

汪伪特工站现状

现在的汪伪特工部旧址，面积大大缩小。花园和附属建筑的遗址上，建起多幢公寓楼。仅存的主体建筑，是一幢斑驳的假三层洋房，被周围搭建的房屋紧紧包围。所谓"假三层"，是欧式洋房的一个特征。从外立面看，它仅有二层，但内部却还有第三层阁楼。铺盖红色平瓦的屋顶中间，伸出一个气窗式檐顶，便于通风采光。洋房用灰色清水砖扁砌，水泥浆勾缝。底层朝南设置走廊。四根间隔有序的方形廊柱，用水泥拌和磨光细石子浇筑，坚固耐用。上部浮雕花卉图案，美观雅致。墙面开设的门，中西合璧，系木构方格框嵌玻璃落地长窗。楼上朝南设置廊式阳台，配置镂空铸铁栏杆。廊柱基座为方形，其上为圆形罗马柱，浮雕花卉图案。这种罗马柱，是典型的西方洋楼风格。洋房北面斑驳的砖墙上，爬山虎蔓延其间，给人一种岁月流逝的沧桑感。

洋房底层的铺地，为进口的彩色地砖。方形地砖的几何图形，为两组四个对称的三角形，墨绿和土黄双色相映成趣。沿着木楼梯拾级而上，可至二楼。楼上铺长条形地板，由于磨损过度，地板已不见光泽。阳台顶上的吸顶灯，环状装饰仍为原物。登上木构楼梯，可至三楼的阁楼。如今，这里已成为单位的集体宿舍。从底层至三楼，每层都被隔成多个小房间。这些房间都是“川福楼”餐厅老板花钱租下，供其员工住宿。宿舍内杂物乱扔，走廊中电线乱拉，埋下了火灾隐患。如何合理使用，并且保护好这座控保建筑，应该引起有关方面的高度重视。

（何大明/文　倪浩文/图）

木渎西街馀里楼

控保档案：编号为307，馀里楼，位于木渎镇西街64号，乃民国建筑。

吴中区木渎古镇，钟灵毓秀人文荟萃，已有两千五百多年的悠久历史。太湖风景名胜区有十三个景区，木渎古镇跻身其间。如今，木渎已被列入国家AAAA级旅游景区。镇上的西街，是一条历史悠久的老街。街的一侧，紧依著名的胥江。老街人文景点众多，西津桥、冯桂芬故居（榜眼府第），都已列入苏州市文物保护单位。现在，老街又增添了一处控制保护建筑，名“馀里楼”。

馀里楼在西街64号，是一幢西式洋楼。该楼始建于民国十六年（1927），由木渎著名实业家、严家淦先生的伯父严良灿所建。严良灿原来在西街124号有一幢小洋房。后来在江阴办纱厂盈利，就决定建造一幢新楼。于是，延请苏州城里著名的裘松记营造厂（建筑工程队）设计并建造。该营造厂在大太平巷60号，曾经设计并建造了墨园、钱大钧故居等民国将领的洋楼。所需的不少建筑材料，如水泥、钢筋、地砖等，都从国外进口。

乔迁新居时，亲朋好友纷纷前来祝贺。按照惯例，传统苏式住宅都有一个“堂”名。新建的洋楼，不妨也起一个“楼”名。于是，众说纷纭。一位在场的老夫子沉吟片刻，起名为“馀里楼”。见众人不解，老先生便道出起名原因。“馀利”，旧指工商业所得的利润。以此为楼名，既表示不忘创业的艰辛，又期盼今后经商利润滚滚而来。严良灿听完老先生的解释，不由地拍案叫绝。于是，“馀里楼”一锤定音。

抗战时期，苏城被日本侵略军占领，馀里楼成为日军宪兵队的驻所。楼下的一处地窖，被宪兵队改建为水牢，用来关押我抗战志士。新中国成立后，馀里楼先后为吴县防疫站、木渎人民医院、苏州第六制药

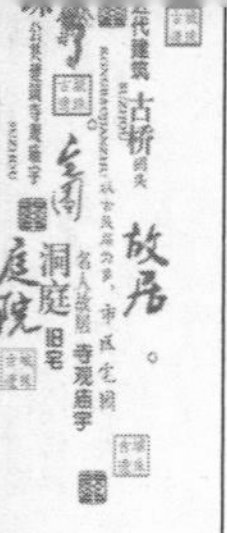

厂使用。历经八十余年的风雨沧桑，作为主楼的馀里楼依然风姿绰约保存了原貌。这也是它被列入控保建筑的原因。

与众不同的馀里楼，面积约六百五十平方米。该楼上下两层，为七开间砖木结构的洋房。除了作为主楼的馀里楼，还有餐厅、会客厅、书房等建筑，空地上栽植花草树木。馀里楼其实是一座中西合璧花园别墅的总称。该楼平面呈长方形，外墙用清水砖扁砌，坚固结实。覆盖平瓦的屋面上，伸出两间气窗，便于通风采光。气窗上覆盖人字形檐瓦，左右对称相映成趣。一侧山墙上，从檐顶伸出烟囱。这种扁方形的砖砌烟囱，通常为壁炉配置，系考究的洋房才有。冬天，壁炉取暖产生的烟，可以从烟道迅速排出，清洁卫生。

馀里楼左右两侧山墙上，每侧上层开设四扇窗户，下层开设五扇窗户。形制为木框玻璃窗，窗上设窗檐便于挡水。其正立面造型丰富多彩，充分体现了西洋风格。立面下层，中间紧密相连，配置三扇长方形

穹顶大门。每扇门的两侧，配置圆形罗马柱，柱子上部堆塑几何图形，典雅秀丽。门前设置台阶。三扇大门两侧，各有一扇边门。边门形制为长方形穹顶，无罗马柱。边门两侧，木框玻璃窗左右对称。窗户设置窗檐和窗台。边门前的台阶，为别具一格的半圆形，共五级。主楼的二楼正立面，设置观景阳台。三扇长方形穹顶门宕前，设置镂空栏杆，可倚栏赏景。两侧为木框玻璃窗。主楼的底层铺地，为考究的彩色地砖，绘制几何图形。沿雕花木楼梯拾级而上，可至二楼。楼上铺长条形地板，严密无缝。楼上分成多个房间，供主人一家使用。

徐里楼的外墙正立面，还有两处别致的点睛之作。其一，底层大门外砌筑一个圆形花坛，花坛内栽植奇花异卉。芳香扑鼻，引来蜂飞蝶舞。其二，整座主楼的前后左右四个外立面，都配置雨水管。这种用白铁皮制作的扁方形雨水管，从檐顶一直延伸到地面。下雨天，雨水可以通过雨水管迅速排到地面，使屋檐不会产生积水。苏州人俗称雨水管为“晴落管”。

严氏是苏州的名门望族，徐里楼的主人严良灿也跻身其间。周菊坤写的旅游读物《木渎》，对此人有比较详细的记载。严良灿（1874—1942），字子绚。他秉性率直，善于理财，毕生从事民族工商业。他不计较个人得失，乐善好施为民造福，对发展木渎地区的经济和公益事业，做出了较大贡献。

民国时期，严良灿在木渎镇上开设多家商行。严和美米酱行，又名东和美米酱行，占地广达一万四千平方米，为前店后坊的大型作坊。坊内设置米作、酱作和酒作。此外，还有西和美米酱行、严裕泰粮油酒酱店、严万和粮酒酱店、严安德中药店等。其营业额在全镇占据首位，是木渎最具实力的商业集团。严良灿经营有方，坚持信誉第一，真诚待客。在经营方式上除了现金交易，多采用赊账形式，按一年三节（端午、中秋和年关）结账付款。在零售供应的同时，还对小粮油店开展批发业务。由此生意蒸蒸日上，严家成为木渎的首富。

当时，木渎全区下辖七镇十三乡，镇上设有董事制的市公所。担任区董的严良灿，不遗余力为当地乡民做好事，造福乡里。民国九年（1920），严良灿投资五千多银圆，在南街附近建起一座小型发电厂，

解决了全镇的企业生产和居民的生活用电，结束了镇上使用煤油灯的历史。同时，还包下镇上的路灯费用。抗战前，严良灿购置了一辆“特洛威”牌号的消防车。这种高档的进口消防车，当时苏州城里也只有两辆。木渎救火会成立后，有效地保护了乡民的生命和财产安全。严良灿还带头出资，成立了“善济堂”“代赊会”等慈善机构，拥有学田三百余亩，房屋十八间，以其收入为地方举办公益事业，每月对孤寡老人和教师发放生活补助费。平时，他还热心于修桥补路、收送弃婴、收敛掩埋无主尸体，深得人心。

如今，馀里楼正在全面整修。修复后，归木渎旅游公司管理，将成为木渎的一个旅游景点。建议馀里楼修复后，在楼内辟建一个陈列室，陈列有关史料，揭露当年日军占领木渎时期的罪行，使馀里楼成为一处爱国主义教育基地。

（何大明/文　倪浩文/图）

—寺观庙宇—

塔倪巷内宝积寺

控保档案：编号为108，宝积寺，移建于观成巷，乃清代建筑。

塔倪巷位于苏州古城中心，址在观前街南面。闹中取静，小巷人文积淀丰厚。相传春秋时期，著名刺客要离就居住于此。他和专诸、荆轲，被称为“春秋三大刺客”。清代咸丰六年（1856），巷内建立从事估衣业的云章公所。光绪年间，邹福保榜眼及第，授翰林院编修。其故居就在巷内。鲜为人知，巷内还有一座浸淫传奇故事的宝积寺。

宝积寺的遗址，相传即刺客要离故居。清代俞樾《重修宝积寺记》云：“要离故宅即塔倪巷宝积寺，寺僧奉要离为本寺伽蓝。”据《吴越春秋》记载：两千五百多年前，专诸刺死王僚后，阖闾顺利当上吴王。但是，他心中并不踏实，担心庆忌暗中复仇。庆忌是姬僚的儿子，有万夫不当之勇。为此，阖闾整日“食不甘味，卧不安席”，一心一意要斩草除根。伍子胥得知后，招来了住在塔倪巷的刺客要离。与庆忌相比，

要离身高不满五尺，腰围仅一束，史称“细人”。但是，要离献上的苦肉计，使吴王打消了疑虑。被吴王砍断右臂的要离，逃奔到卫国，取得了庆忌的信任。三个月后，要离跟随庆忌出征吴国。在战船上，要离趁庆忌不备，拔剑独臂猛刺庆忌，利剑穿透其后背。庆忌则倒提要离溺水三次后，将要离放在自己膝盖上，笑着说：“天下竟有如此勇士敢于刺我。”庆忌佩服要离的勇敢和忠义，临死前放走了要离。要离回国后，在吴王举行的欢迎宴会上，不要任何赏赐，拔剑自刎于宫殿，谱写了一曲悲壮传奇。

也许是刺客的杀气太重、血腥太浓，到了南北朝时期的梁代，人们在要离故居遗址上建起一座诵经弥灾的寺庙——宝积寺。南宋范成大《吴郡志》记载：“宝积教院（宝积寺），在黄塔土桥之东，旧灵岩山廨院也。”明代卢熊《苏州府志》：“宝积教寺，在县治西北黄土塔桥之东偏，梁天梁中建。旧为灵岩山廨院也。”清代张霞房《红兰逸乘》记载：“宝积寺，宋古刹也，有银杏二株，乔柯积翠，颇得画意。乾隆时，于树旁掘得盔甲铁炮，巨人骨，未知何代物。”巨人骨究竟是谁，至今仍迷雾重重。有人认为是要离的尸骨。其实，要离身高不满五尺，与巨人的标准相去甚远。再说，按传统习俗，死者不可能葬在家中。据清代顾震涛《吴门表隐》记载：“要离墓在梵门桥宝月庵侧……堂下见石椁，旁有古要离之墓碣。”

关于盔甲铁炮的来历，源于一个偶然原因。清代乾隆三十一年（1766）的某天，苏城上空乌云滚滚，电闪雷鸣，倾盆大雨直泻而下。终于，破旧的宝积寺内，一堵墙壁经受不起暴雨冲刷轰然坍塌。残壁倒塌后，出现在眼前的一幕场景，让人们目瞪口呆心惊胆战。对此，清代顾震涛《吴门表隐》记载很详细：夹墙内藏有铁炮六尊，头盔战甲无数。掸去铁炮上的尘土，南明“弘光二年”、大清“顺治三年”等铸铁字清晰可辨，甚至还有坏掉的面饼六坛。原来，鲜为人知，宝积寺内曾经酝酿过一场反清复明的暴动。

1636年，明代崇祯皇帝兵败亡国，大清王朝建立。崇祯帝朱由检的三儿子定王朱慈炯漏网逃脱，以南方为基地建立“南明”政权，年号“弘光”。于是，各地反清复明活动此起彼伏。康熙四十六年（1707），

朱慈炯被俘后，由康熙帝下旨，全家被斩。根据有关史料分析，反清复明的一支队伍就在苏州一带活动。宝积寺内的这些铁炮和盔甲，就是他们隐藏的武器。将佛家清净之地辟为兵器仓库，无疑是最安全的。朱慈炯失败后，这场精心策划、蓄谋已久的暴动就此流产。也许，事实的真相还有不少藏在宝积寺内，等待后人去破解。

宝积寺重建于清代，有头门、大殿、附房等建筑，地址在塔倪巷8号和10号。新中国成立后，宝积寺不再从事佛教活动。苏州彩色印刷厂占用宝积寺，从事印刷生产（前门开设在九胜巷）。场地改建，机器轰鸣，使寺庙原貌受损。“文化大革命”时期，为避免红卫兵“破四旧”，寺庙内尚存的少数佛像，被有心人巧妙迁移至他处。20世纪80年代文物普查时，尚存头门、大殿、附房等建筑，以及青石柱础等构件。由于具有一定的文物价值，被列入苏州市控制保护建筑（标牌121号）。20世纪末，观前街地区改造时，宝积寺内的梁架等构件被拆除，易地移建于玄妙观方丈殿，现在为朵云（苏州）艺术馆使用。充满传奇色彩的宝积寺，就此不存。从壮士悲歌的要离故居，到诵经弥灾的宝积寺，再到刀光剑影的武器库，最后成为艺术馆所在地，历史的轮回让人唏嘘不已。

（何大明/文　倪浩文/图）

山塘街张国维祠

控保档案：编号为273，张国维祠，位于山塘街800号半，乃清代建筑。

苏州姑苏区的山塘街，是一条中国历史文化名街。唐代宝历元年（825），大诗人白居易任苏州刺史，主持开凿了山塘河，并堆土筑堤为山塘街。至今，老街的历史将近一千两百年。在山塘街众多的名胜古迹中，有一座纪念名贤的祠堂，名张国维祠，俗称张公祠。张国维祠是山塘街改造工程中的一个经典。因为当初南社设立于此，故祠堂挂牌为"中国南社纪念馆"。该祠经修复后，特意选择2009年11月13日，即南社成立百年之际，正式对外开放。它不但是一处旅游景点，也是一处爱国主义教育基地。如今，张国维祠已被列为苏州市第四批控制保护建筑。

张国维和张公祠

张国维（1595—1646），字玉笥，号九一，谥忠敏，浙江省东阳人。他从小聪明好学，常常以历代名贤豪杰自励。明代天启二年（1622），张国维中进士，授番禺知县。崇祯七年（1634），升任右佥都御史，并

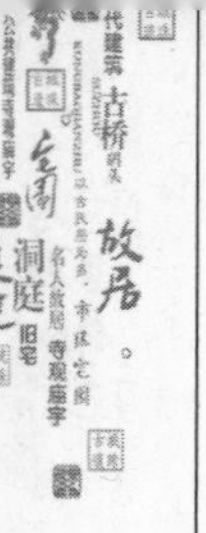

任江南苏州、松江、南京等十府巡抚，常驻苏州。他主持兴建繁昌、太湖二城，疏浚了松江、嘉定、无锡等地的河道，修筑了苏州、吴江、江阴等地的桥梁、漕渠、驳岸、塘堰等水利设施。由于治水有功，张国维升任工部右侍郎，加兵部右侍郎，总督河道。由于操劳过度，四十岁前头发全白，人称“白头巡抚”。崇祯十五年（1642），张国维临危受命，担任兵部尚书，亲自率领明军抗击清兵。因寡不敌众兵败，被听信谗言的崇祯皇帝解职回乡。当押解张国维的船只经过苏州时，成千上万苏州市民聚集枫桥河岸，拦道跪拜，哭声震天。明代灭亡后，张国维在东阳家中投池自尽，以身殉国，年五十有二。

张国维生前将多年治水积累的经验和资料，整理后刊印成书，名《吴中水利全书》。该书二十八卷共七十万字，是我国古代篇幅最大的水利学巨著，被收入《四库全书》。更难能可贵的是：该书没有使用一分钱公款，全部由张国维用俸禄自费出版。苏州百姓对张国维深爱如父母，崇拜如神明，尊重如河岳，景仰如日月。明末，在山塘街为他建造了祠堂。至今，在沧浪亭五百名贤祠内，仍有张国维石刻画像碑。其赞语曰：“抚绥十郡，大度渊涵，疏通水利，泽被江南。”

山塘街的张国维祠，即张忠敏公祠，又称张东阳祠，俗称张公祠。该祠始建于明代崇祯十六年（1643），清代乾隆十一年（1746）重建。咸丰十年（1860）祠毁，同治十一年（1872年）又建。光绪三十三年

（1907）十月，革命文学团体南社在此成立。祠前有四柱三间五楼石牌楼，题“泽被东南”。牌坊前有石狮一对。祠内有“风清海江”匾额。李根源《虎丘金石经眼录》记载：“张忠敏公祠园，池馆山石，离落有致，花木亦修古，今任其颓废，可惜！”新中国成立初，祠内建同康酒坊。1959年建香料厂。“文化大革命”后，张国维祠仅剩旧屋两处，一块乾隆时苏州知府赵锡礼《张公祠堂碑记》。现在的祠堂，在清代同治年的遗构上再建，部分为新建，地址在山塘街800号半。其整体格局，分为牌楼、东路建筑和西路建筑三部分。东路建筑主要为三进厅堂，西路建筑主要为花园和西大厅。

南社建于张公祠

张国维祠（张公祠）是南社雅集的诞生之地。南社是中国近代史上第一个资产阶级民主革命文学团体，成立至今已有一百零五年历史。它是中国近代史上爱国知识分子最集中、成员社会职业面最广、参加人数最多，以推翻封建专制统治，建立共和民主国家，倡导弘扬中华传统文化，吸取西方进步文化，促进社会革新为主要宗旨的爱国民间社团。

所谓“南”，一语双关，既是作为反对北庭清王朝的标志，又含有“操南音不忘本”意义。第二年，陈去病等几个核心人员商量后决定：高旭撰写宣言，定反清宗旨；柳亚子撰写社例，定下社规；陈去病撰写启事，召集社友。南社成立的地点，定在山塘街张国维祠，以弘扬先贤的反清义举精神。

南社的发起人陈去病、柳亚子和高天梅（高旭），被称为“南社三杰”。陈去病（1874—1933），字巢南，一字佩忍，别字病倩，号垂虹亭长，笔名季子、南史氏等。苏州吴江县人，爱国诗人，同盟会会员。担任过《警钟日报》主笔，创办有《二十世纪大舞台》杂志。曾经任南京东南大学教授、江苏革命博物馆馆长。柳亚子（1887—1958），原名慰高，字安如，后改名人权，字亚卢，又改名弃疾，改字亚子，后来名号合一，以亚子为名。吴江黎里人，爱国诗人。早年参加光复会、同盟会。民国时期曾任国民党江苏省党部常委兼宣传部长，为国民党左派中坚。新中国成立后任全国人大常委会委员等职。

风雨飘摇的晚清王朝内外交困，即将寿终正寝。宣统元年（1909）

的11月13日，陈去病、柳亚子等人在正午前，雇了一条画舫，带着苏帮传统船菜，出阊门、游山塘、经过五人墓，摇往张国维祠。在这里，隆重举行第一次雅集，南社就此诞生。由于高旭被清政府严密监视，没能参加成立仪式。成立大会上，社员们纵论国事，通过了《南社条例》。为推翻清王朝摇旗呐喊，决定出一份社刊——《南社丛刊》。大家公推陈去病为文选编辑，高旭为诗选编辑。庞树柏为词选编辑。柳亚子为书记。时年二十二岁的柳亚子兴奋地说："三百年无此盛事矣！"

南社成立不到两年，社员就发展到两百余人，他们分布在全国的十三个省、三十余个城市。鼎盛时期，社员多达一千六百五十人。其深远影响可概括为："近十年的中国政治，可说是文经武纬，都在南社笼罩之下。"南社聚集了一大批政治家、军事家、思想家、文学家、艺术家、教育家和新闻出版家等社会精英。同盟会的领导人黄兴、宋教仁等，都是南社社员。南社中为革命捐躯的烈士，达二十二人之多。"武有黄埔，文有南社"，南社在中国近代革命史上，留下了不可磨灭的光辉一页。

中国南社纪念馆

现在的张国维祠（中国南社纪念馆），占地面积一千五百平方米。整体布局可分为牌楼、东路建筑和西路建筑三部分。按原来制式重建的全石牌楼，立于大门前，南临山塘河。这里环境幽雅，石驳岸间水埠逐级而下。岸上一行垂柳依依，风景这边独好。花岗岩材质的牌楼，制式为高规格的"四柱三间五楼"。所谓"四柱三间"是指：设置四根石柱，柱间形成三个空宕。所谓"五楼"是指：牌楼顶端有三层共五个错落的屋檐。纵览牌楼全貌，美轮美奂。但见四根间隔有序的方形石柱，支撑起整座牌楼。每根石柱的底部，前后对称共设置四对抱鼓石。屋檐从上至下分为三层。上层屋檐居中，两端设置鱼龙图案，称为鱼龙吻脊。檐下嵌四块镂空雕花板。中层鱼龙脊，两侧各有一个屋檐。雕花板中间为横匾，题"泽被东南"四个嵌绿楷书。下层鱼龙脊的雕花板中间，从上至下又分为三层。上枋雕刻"凤穿牡丹"图，中枋雕刻"双龙戏珠"图，下枋雕刻"四狮滚绣球"图。图案均为浮雕，栩栩如生。下枋左右两侧的门宕间，雕刻麒麟等瑞兽。牌楼背面制式，与正面相似。横匾题“风清江海”四个嵌绿楷书。两块横匾，都是对张国维人品的歌颂。

东路建筑为三进厅堂。第一进为门厅。西侧粉墙上，别具一格，镶嵌四枚凸起的、镌刻“南社”二字的印章，材质为玻璃钢仿石。印章的形状不同，有圆有方；字体各异，有楷有行。另有一方砖额，题“南社雅集”，为红色阳文。门厅与众不同，系配置将军门的仪门制式。屋檐为硬山式，塑哺鸡脊，式样为闭口哺鸡。檐下设置四根荸荠色圆柱，柱间连缀精美的挂落。正中悬挂一块棕色底的金字匾，额“中国南社纪念馆”。仪门共三间，左右两侧为开设花窗的耳房，中间为过道。将军门的高门槛两侧，设置“寿”字抱鼓石。将军门把门厅分为前后两部分，铺地为方块形金砖。前厅高悬宫灯，左右相映成趣。两侧山墙上，分别镶嵌“张公祠简介”牌和“南社纪念馆简介”牌。后厅两侧山墙上，开设砖细框长方形门宕，分别题额“纳凉”和“梳风”。

门厅北面，为一座石板庭院。庭院内栽植桂树、山茶、盘槐等花木。西侧院墙上，开设砖细边框月洞门，上方砖额题“入胜”。东侧院墙上，错落有致，悬挂镌刻“南社”二字的印章，材质为玻璃钢仿石。印章的形状不同，有圆有方；字体各异，有楷有行。

第二进大厅，是在原来祠堂的遗构上重修的。大厅为硬山式，塑哺鸡脊。朝南的窗户，中间为六扇落地长窗，两侧各六扇骑墙半窗。窗户均为木框玻璃窗。檐下悬挂棕色底金字横匾，额“张忠敏公祠”五个行书。两侧悬挂一副对联。联为白底黑字：“祠宇傍山塘小筑莳红成胜迹；讴歌遍吴会大名韦白并传人”。室内金砖铺地，以庭柱间隔为三间。大厅现辟为“历史回顾展区”。馆内集中展示南社成员后裔捐赠的书籍、印章，以及工作人员搜集的一千三百多份影像资料。

大厅往北，有一座石板铺地庭院。西面院墙上，开设八角形砖细边框门宕，上方砖额题“涉趣”。墙角栽植桂树、棕竹等花木。东侧院墙上镶嵌一份名单，公布南社当年全体社员的姓名。院墙前，布置“南社三杰”青铜雕像。正中，陈去病坐在藤椅上，右手持书，神情专注。右侧的高旭立像。双手放在背后，若有所思。左侧的柳亚子立像，右手握住卷起的报纸，正在运筹帷幄。他们三人，都是南社的发起者和领导人。

第三进为两层楼的楼厅。楼上为办公室，楼下辟为“民主革命展区”。展馆朝南，正中设置六扇落地长窗，两侧各四扇半窗。檐下悬挂一块横匾，制式为棕色底嵌金字，题“百年南社”。馆内的玻璃展橱内，陈列《南社丛刊》《南社人物传》《笠泽词征》等珍贵史料。一幅复制的巨幅照片，题为“南社第十次雅集合影”。照片上，南社成员聚集一堂，蔚为大观。馆内还陈列南社成员生前使用的一些实物，如柳亚子穿的长袍。陈去病在书房内用过的摇椅、小方桌、小方椅等，使人身临其境倍感亲切。

南社纪念馆有两件镇馆之宝，弥足珍贵。其一，柳亚子先生的名人题字册，由柳亚子的外孙、中国科学院院士陈君石捐赠。在这本稀罕的册页中，留有当年毛主席带领“延安党政军民文各界诸负责人”共七十人的题字。册页原件已交中国革命历史博物馆珍藏，现在捐赠的是唯一的复制品。其二，孙中山先生的手卷，由孙中山的孙女孙穗芳从美国寄到苏州捐赠。手卷上有孙中山亲笔题写的《三民主义自序》，以及陈去病、于右任等人在手卷上的题跋。

西路建筑分为花园和西大厅，以一条长廊与东路建筑相连。花园充满苏州古典园林的元素。卵石铺地间，栽植黑松等花木。一泓碧波四周，以嶙峋湖石为岸。池内锦鲤嬉游于睡莲。池塘的西南角，有一座六角攒尖顶小亭，题“绿水故园”。亭内悬挂宫灯。临水设置吴王靠，可倚栏观鱼。逐级而下，池塘西北狭窄的水湾上，横卧一座袖珍石拱桥，形制如网师园内引静桥。桥面上，镌刻精美的拟日纹图案。长廊的南端，设置为碑廊。碑廊中的碑亭，形制为方形半亭，题“百尺楼”。两支飞檐翘起，划出优美的空中弧线。亭内粉壁上，镶嵌两方碑刻。一方为古碑，系乾隆时苏州知府赵锡礼《张公祠堂碑记》。另一方为今碑，名《重修张公祠碑记》，2009年金阊区人民政府立。碑廊内，还有三方书条石。

花园北面为西大厅。形制为硬山式，塑纹头脊。横匾题“馀香如缕”。大厅朝南设置门窗。中间为六扇落地长窗，两侧各五扇骑墙半窗。门窗的形制，均为木框玻璃窗。大厅设置翻轩前廊，轩顶为茶壶档，宫灯高悬。两侧辟长方形砖细边框门宕，西侧门宕题“赏胜”，东侧门宕额“听香”。从东门宕经曲廊可至东路厅堂。

西大厅辟为“近代文化史展区”。展馆以南社成员在近代教育、国学、科学等方面的杰出贡献为主题布展。南社研究会成员研究创作的有关书籍、摄影、书法和绘画作品，也陈列其间。展馆图文并茂，不但有讲解员在现场的生动讲解，还运用多种现代化科技手段，通过静（版面）动（视频）互补、平面和立体交替的形式，让广大观众全面了解百年南社的辉煌历史，从而受到一次生动的爱国主义教育。

张公祠碑重现记

乾隆十年的《张公祠堂碑记》，是张公祠的镇馆之宝。它的多次失而复得，有一个感人的曲折故事。被称为“老山塘”的徐文高先生，在山塘街生活和工作多年，精心收集和研究山塘街的文物古迹，是山塘街的一位“活地图”。张公祠被苏州香料厂占用时，他曾经在厂里工作过。1993年的一天，有一户原属厂区的民居进行维修，内部隔墙拆除后，露出一块被纸筋石灰涂抹的青石碑。留心山塘街文物的徐老正巧路过这里，不由地大喜。凑近仔细揣摩，碑面上隐约显现“张公祠”、“乾隆十年”等字迹。他准备把碑文抄下来，但纷乱的施工现场不允许。隔天再来时，石碑又被代替砖块砌入墙内。

后来，徐老又发现在这幢房子墙角的泥土中，半露出一方青石。表面和四周轮廓凹凸不平。凭直觉，徐老觉得是一块碑上部的碑额（碑帽）。用力挖出翻了一个身，果然不假。碑帽三面镌刻云鹤花纹，中间为题字方框。徐老拾起一根铁钉，蹲在地上慢慢剔除表面的石灰。于是，露出了“张公祠堂碑记”六个刻得很浅的篆字。它和原来砌入墙内的碑身本为一体。为了防止丢在路边遗失，厂里派

人用元宝车把碑帽运往厂内的一处空地暂时保管。后来，徐老在《山塘钩沉录》一书中记载了此事：“碑高约五尺，现砌入800号西侧隔壁墙间（即今铁栅门西侧平房内），白垩涂没。”至于碑帽，徐老故意不提及下落。因为碑帽体量不大，“文物老鼠”得知后，会按图索骥轻而易举偷走。

张公祠规划重修时，要拆除部分杂屋。为此，徐老再三向施工部门提醒：要保护好这块珍贵的石碑。但张公祠修葺完工，石碑却不见踪影。徐老立即向工程部副总鞠建福反映。鞠总马上拎起电话，一处处询问工地负责人。原来，碑身运到一处工地后，忘了取回来。重新运来后，石碑的碑身和碑帽合璧，镶嵌在曲廊的碑亭粉壁上。碑刻高手戈春南用刷子仔细擦去表面的污垢，刷上白色的涂料后，又用黑色的丙烯颜料轻轻拓了一遍。于是，工整的欧体字迹顿时清晰起来。碑文中虽然有不少文字遭到毁损，但有些残缺字仍能辨认：“苏郡半塘有张公祠，建自明季，祀应天巡抚、大司马、东阳张公也……乾隆十年岁次乙丑立。”《张公祠堂碑记》的完璧归赵，谱写了一曲保护文物的佳话。

如今，作为中国南社纪念馆的张国维祠，已作为旅游景点免费对外开放。但是，如果在祠堂内辟建一个介绍名贤张国维的展厅，则可以锦上添花，弥补遗珠之憾了。

（何大明/文　倪浩文/图）

俗称王宫的报恩禅寺

控保档案：编号为170，敕建报恩禅寺，位于山塘街728号，乃清代建筑。

位于苏州市阊门外的山塘街，是一条始建于唐代的千年老街。现在，该街已经跻身“中国历史文化名街”之列。老街人文积淀丰厚，建筑遗存众多，不少已被列入各级文保单位（国家级、省级和市级），以及控保建筑名录。其中，位于山塘街728号的敕建报恩禅寺，为苏州市控制保护建筑，标牌190号。

敕建报恩禅寺，原来是一座祭祀怡贤亲王的祠堂。自建成以来，名称多变。该祠始建于清代雍正八年（1730），名“怡贤亲王祠”。清代许洽《眉叟年谱》记载：雍正八年，“怡亲王薨，虎丘（附近）建祠”。九

年，“怡亲王祠奉旨罢建。然工已垂成，城中玄妙观假山俱移入其地”。后来改祠堂为寺庙，名“怡贤寺”。乾隆时改名“敕建报恩禅寺”，简称“报恩禅寺”。当地百姓俗称“王宫”。乾隆《苏州府志》记载：“国朝雍正十一年，郡人为怡贤（亲王）立祠，敕改建祠，命赐紫僧超源住持，名怡贤寺，乾隆十六年诏赐今额。”

据徐文高《山塘钩沉录》记载：敕建报恩禅寺祭祀的怡贤亲王，是一位来历不凡的皇亲国戚。怡贤亲王名“允祥”，即皇室的怡亲王，“贤”是其谥号。他是康熙皇帝的第十三个儿子，又是雍正帝感情最好的兄弟，俗称“十三阿哥”。允祥从小天资甚高，才智过人，为父亲康熙所钟爱，十三岁就跟随父亲南巡。他曾经有帝王的雄心和梦想，但在第一次废太子时，受到牵连被“圈禁”，失宠于康熙。雍正登基后，允祥从落魄的囚徒，一跃成为显赫的亲王，集军政财权于一身。期间，他曾经减免苏州的税赋，在苏州兴修水利，整治太湖、大运河等水道，有效地减缓了水患。他不喜据功，在雍正朝前期起了重要作用，被雍正称为“柱石贤弟”。临终前，允祥立下遗嘱：“身后殡服只用常服，凡金银珠宝之属，丝毫不可入棺。” 去世后，雍正亲自祭奠，并且御书“忠敬诚直勤慎廉明”八字于谥上。同时，下令在奉天、直隶、江南和浙江四

地各为怡亲王立祠。乾隆七次下江南南巡，曾经六次来山塘街祭拜怡亲王祠。据有关红学专家考证，《红楼梦》中的北静王，很有可能以允祥为原型。历史电视剧《雍正王朝》中，也有不少关于“十三阿哥”允祥的内容。

咸丰十年（1860），敕建报恩禅寺毁于太平军战火。同治十一年（1872）重建。此后，该寺一直由僧人管理。自僧人超源以来，最后三代僧人分别为云闲、顶峰和妙莲。其中的云闲高僧，琴棋书画俱精，著有《枯木琴谱》。云闲还在虎丘战火后的废墟中，寻访到“憨憨泉”古井。后人集资在泉旁建起拥翠山庄。民国初年，敕建报恩禅寺年久失修。寺僧妙莲集资重修。当时，山塘街721号至741号的敕建报恩禅寺房屋，均作为寺产出租，以此维持寺庙的正常开支。民国二十五年（1936），李根源在寺内寻访，喜获清代周永年编撰的《吴郡法乘》旧抄本。后来，付上海藏经会影印出版。

鼎盛时期的报恩禅寺，规模恢宏。南北长约两百米，东西宽五十至八十米不等，占地面积约一万平方米。黄色的院墙，显示了皇家寺庙建筑的应有特色。大门前设置木栅栏，石望柱间隔其间。栅栏后的一对青石狮子，高大威猛，狮腹下竟然能容纳小孩钻进去玩耍。大门为四柱三门三檐砖细牌楼，塑高规格的龙吻脊。东西两侧为八字形照墙。东侧照墙上题写“南无阿弥陀佛”六个大字。门前的花岗石小广场，为昔日花农聚集卖花处。

第一进为山门殿。两侧为守门人的起居间。穿过青石板小庭院，为接待殿，用于停放轿子，接待前来的高僧等贵宾。殿后，又是一座青石板庭院。两侧栽植枫杨树，粗可合围。庭院北面的大殿，塑龙吻脊，是寺庙的主体建筑。殿前的花岗岩露台，设置台阶，四周围以雕花石栏。大殿内，中间为三世佛。左面置放大鼓，右面置放铜钟，配置为“晨钟暮鼓”格局。大殿后面，有一座藏经楼。底层供奉允祥的牌位，为祭祀场所。楼上藏有各类佛经。

大殿两侧，有平房多间，以及接待香客的“微笑堂”。其意取自佛教“拈花微笑”的典故。“有琴则灵”的琴室，为住持云闲聚友之所。清代潘钟瑞在《香禅日记》中记载：有一次，潘氏六人相约“泛舟山

塘，访弹琴僧”。云闲将他们领进琴室，但见“石台靠窗，香炉在几，盆列奇树，壁藏梵书”。六人见状大喜，连声赞叹不已。往西穿过砖额题为“花圃”的月洞门，就进入后花园。园内疏池理水、建台筑亭、叠石掇山、植树栽花，园林要素一应俱全。三只相连的荷花池内，荷叶田田，荷风送香，自有一种远避尘嚣的幽雅。寺庙以三曲石板平桥为界，过桥可至吉公祠。

新中国成立后，寺庙收归国有，成为存放粮食的仓库。“文化大革命”期间“破四旧”，牌楼上“敕建报恩禅寺”砖额被毁。多幅云闲、顶峰所作的字画被付之一炬。这些字画系世居报恩禅寺附近的一位老中医所藏。寺门前的青石狮子，被掀翻在地。两年后，运到石灰厂烧制石灰。20世纪80年代初，为了适应形势需要，寺内部分屋宇被拆除，改建为江苏省粮食厅干部休养所。后来，又临街建造虎丘饭店。如此，寺庙原貌严重受损。

现在的敕建报恩禅寺，残存空关，仅剩大门门楼和接待殿三间。这里环境幽雅，是山塘街西端的一个景观节点。门楼坐北朝南，隔山塘街临河。河岸围以花岗岩石栏。沿河绿地间，点缀错落有致的黄石，栽植垂柳、马尾松和黑松。花岗石制作的景点说明牌，制式为古色古香的座屏，掩映在绿荫中。门前一片小广场，镶嵌花岗岩铺地，仍为当年原物。

整座门楼体量较大，规模恢宏，制式为牌楼式样。其具体形制：中间为四柱三门三檐牌楼，两侧为八字形砖细照墙。门楼以磨细方砖贴面，四根凸出的方柱，也以方砖贴面，美轮美奂。门楼从上至下，大致可分为屋檐、上枋、中枋、下枋和拱门五部分。屋檐为品字形结构，飞檐翘角。上檐为正脊，两端塑龙吻脊饰。这种高规格的脊饰，一般仅用于皇宫和寺庙。两侧次檐顶端，各塑一条龙吻。上枋浮雕六朵梅花，间隔有序。中枋的长方形框内，题额已毁。下枋两侧，各浮雕三朵梅花。

下枋四根方柱间的门宕，并非空宕，而为砖砌充填。正中开设一扇上端弧形的拱门。对开木门上，镶嵌一对兽面形铺首（铜门环），扣之铿锵作声。拱门西侧的一扇小门，形制为长方形，系辟为虎丘饭店后开设。

门楼两侧，各延伸一堵砖细贴面的墙壁，构成左右相映成趣的八字形照墙。照墙上端铺设黛瓦屋檐，顶端塑龙吻。东侧屋檐上，竟然长出一棵葱郁的小树。两侧檐下，各镶嵌一条砖细花条边。照墙上凹凸有致的方框，增加了美感。裸露的砖块，厚薄不一，留下了历代重修的痕迹。两侧照墙下，设置条形花台，栽植黄杨等花木，生机盎然。纵观整座门楼和照墙，虽然已经破旧，但仍给人以一种雄伟壮观的震撼。寺庙内残存的接待殿，面阔三间，目前已空关急待修复。

（何大明/文　倪浩文/图）

玄妙观后方丈殿

控保档案：编号为062，玄妙观方丈殿，位于观成巷16、17号，乃清代建筑。

方丈殿是玄妙观内的一座殿宇。介绍方丈殿，先得概述玄妙观。位于古城中心观前街的玄妙观，历史悠久，是江南著名的道观。其前身为建于西晋咸宁二年（276）的真庆道院。历代多次重建，名称多变。宋代名天庆观。元代改称玄妙观。清代避讳（康熙帝名玄烨），改称圆妙观。观前街之名，即因街在道观前而得。

清代全盛时期，玄妙观占地广达五十二亩（三万四千六百六十三平方米），共有大小殿宇二十七座。其格局分为中、东、西、北四路。中路建筑从南到北，依次为正山门（山门殿）、三清殿（主殿）、弥罗宝阁（副殿），共三座主要殿宇。东路建筑从南到北，依次为神州殿、太阳宫、天医殿、真官殿、天后殿、文昌殿、祖师殿、斗姆阁、火神殿、三茅殿、机房殿、关帝殿、东岳殿、痘司殿，共十四座配殿。西路建筑从南到北，依次为雷祖殿、寿星殿、观音殿、三官殿、灶君殿、八仙殿、水府殿，共七座配殿。北路建筑从东到西，依次为肝胃殿、蓑衣真人殿、萨祖方丈殿，共三座配殿。此外，在三清殿四周，还有

四座小型建筑，即一座行宫、一座长生殿、一座四角亭、一座六角亭。清代咸丰、同治年间，玄妙观遭遇兵火，毁损严重。如今，玄妙观尚存十四座殿宇。保存至今的三清殿，为南宋遗构，已被列入全国重点文物保护单位。

方丈殿建于清代康熙年间，又称“萨祖方丈殿”。殿内供奉的神像为“萨真人”。“真人”是道教对“修真得道”或“得道成仙”者的称呼，也用来称呼德高望重的道士。据《三教源流搜神大全》记载，萨真人在历史上实有其人。他姓萨名守坚，是西蜀人。年轻时他学过医，但医术并不高明，曾经开错药造成医疗事故。于是，他吸取教训幡然醒悟，弃医从“道”（道教）。学成后大显神通，闻名遐迩，被玉皇大帝封为“天枢领位真人”。明代，萨真人被明成祖朱棣封为“崇恩真君”，受到官方祭祀，享受民间香火。其实，萨真人在世俗中的名气和地位，远不如他的弟子王灵官。

方丈殿是方丈居住的地方。道教和佛教中，都有“方丈”一词。“方丈”原指“一丈见方”的面积，形容容身之地狭小。主管道观或佛寺的“一把手”德贤高尚，不愿居室宽敞，甘愿在“方丈”之地容身，便俗称“方丈”。其居室称为“方丈室”或“方丈殿”。据《玄妙观志稿》记载，玄妙观的道士有三种职称：最高者称为“方丈”，次之称为“住持”，其他为道士（道徒）。另有负责打扫、运送、出担、伙食等勤杂人员，称为“香火”，不在道士编制范围内。按照传统道规，方丈或住持的继承人，由他的同一辈徒弟或下一辈徒弟继承，他人不能代替。玄妙观方丈殿的“震法堂”内，悬挂有关继承人法规。

方丈为道观之主，拥有相当的管辖权。玄妙观的庙产（包括房产和田产）管理为：方丈一人管理“两房”，住持十人管理“十一房”，合称为“ 十三道房”。方丈管辖的三清殿，是玄妙观内最高的一房。殿内收取的各类香火钱，以及“做道场”收入，由方丈全权支配。民国元年（1912）秋天，玄妙观弥罗宝阁失火。当时方丈倪仰云被吴县监察厅以“敷衍失职，以致火毁古迹”，提起公诉。倪仰云因此辞职，由颜觉沦（品笙）继任。此后，方丈威信日益下降，道教教规成为一纸空文。民国二十七年（1938），颜觉沦故世，由陆滋昌继任方丈。玄妙观的全盛

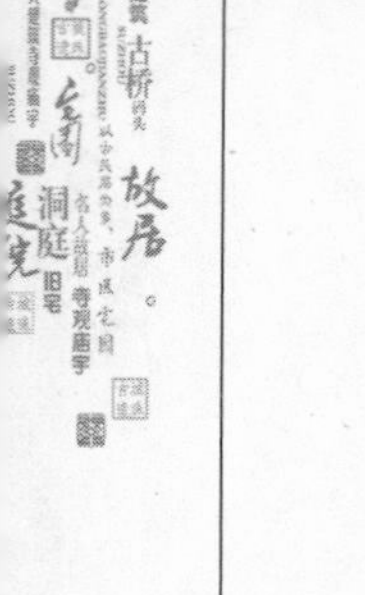

时期，一去不复返。

新中国成立后，玄妙观的传统集市非常兴隆。一些偏殿辟为商店。露天摊点以各类小吃和小百货为多。猢狲出把戏、卖拳头、变戏法、斗黄雀、斗赚绩、飞车、走壁、朱松官要蛇，各类江湖杂耍应有尽有。"荡观前、白相玄妙观"，成为苏州的一道独特民俗风景。江苏人民出版社出版的《老苏州百年旧影》（苏州地方志编纂委员会办公室主编）中，有一幅摄于20世纪50年代的老照片，名"玄妙观方丈殿前"。照片上的方丈殿，破旧不堪。屋檐塑哺鸡脊。殿前不伦不类砌了一堵半墙。门前摆了一个皮匠摊，皮匠正在全神贯注钉鞋掌。斜倚在门上的两个妇人，正看着门前玩耍的小孩。无疑，当时的方丈殿已经沦为民居。20世纪60年代，为了满足广大市民的日常生活需求，玄妙观内水府殿，开设为玄妙观小菜场。方丈殿则辟为菜场办公室。殿内供奉的神像，也迁移他处。

现在的方丈殿，辟为朵云轩苏州艺术馆，产权归苏州金生创意文化股份有限公司所有。因为移建了宝积寺的建筑，面积比以前扩大不少。宝积寺是一座寺庙，建于清代，地址在古城中心塔倪巷8号和10号。新中国成立后，宝积寺被苏州彩色印刷厂占用，使原貌受损。20世纪80年代文物普查时，尚存头门、大殿等建筑，以及青石柱础等构件。由于具有一定的文物价值，被列入苏州市控制保护建筑（标牌121号）。20世纪末，观前街地区改造时，宝积寺内的梁架等构件被拆除，易地移建于玄妙观方丈殿。现在，原塔倪巷内的宝积寺已不存。

扩大面积的方丈殿，地址在观成巷（俗称观前后街），门牌号码从东至西，分别标注为10、12、16号（因为讨吉利口彩，不标注14号）。其格局，分为中、东、西三路。每一路之间，以备弄相连。中路从南到北，共三进。粉墙中间，开设一扇砖细边框拱门。两扇对开黑漆大门上，镶嵌兽面铺首。门上方悬挂一块黑底金字匾，题额“朵云（苏州）艺术馆”。两侧开设漏窗。推门而入，是一座贴墙砌筑的门罩。典雅的门罩上，设置琵琶撑和垂莲柱，顶设茶壶档轩。迎面一座石板庭院，东西两侧设置湖石花坛，翠竹、桂树等花木郁郁葱葱。庭院内摆放藤椅和茶几，可坐憩品茗。

第一进即原来的方丈殿遗构，为昔日玄妙观方丈休憩和待客之所。现在改名“聚众厅”。其屋檐制式为歇山式，塑高规格的龙吻脊。垂脊上塑哼哈二将。大殿五开间，朝南一面，两侧各四扇骑墙半窗，中间为十八扇落地长窗。长窗裙板上，镌刻精美的花卉图。殿内金砖铺地，北侧中间设置屏门。梁架上，前为弓形轩，后为一枝香轩。殿内两侧山墙上，陈列精美的书画艺术品。

第二进名“进花厅”。厅前一座石板庭院，设置湖石小品，栽植芭蕉、桂树等花木。厅为硬山式，塑纹头脊。朝南设置十八扇落地长窗。有庑廊，置弓形轩，垂挂落，两侧配置木栏杆。左右砖细门宕相映成趣。室内金砖铺地，陈列书画作品，布置茶几茶椅。与众不同，厅的北面粉墙上，贴砌一座砖雕门楼。屋檐为哺鸡脊，两侧设置垂莲柱。上枋镌刻三幅图，分别为：喜上眉梢、鸳鸯戏荷、凤穿牡丹。中枋无字额，两侧兜肚分别镌刻：松鹿同春和松鹤同春。它们都是传统的吉祥图案，讨吉利口彩。

第三进名“延祥厅”。厅前一座石板庭院，点缀花卉盆景。该厅体量不大，东西两侧有砖细门宕连接厢房。厢房设置骑墙半窗，正厅设置六扇落地长窗。长窗裙板上，雕刻少见的“博古架”图案。错落有致的博古架上，摆放如意、笔筒、寿桃、石榴、荸荠等吉祥物。厅内铺设一方高出地面的平台。古琴爱好者聚集于此，弹奏“高山流水”觅知音。

东路在原蓑衣真人殿遗址上所建，从南至北共三进。院墙中间，开设一扇长方形门宕。门宕四周镶嵌条石门框，配置对开黑漆木门。两侧一副对联："门通九陌艺振千秋朵颐古今至味；华有三长天成四美云集中外华章。"大门背面，贴砌一座典雅的门罩，制式与中路院墙门罩相同。

第一进名"迎客堂"。堂前石板庭院内，设置湖石花坛，栽植桂花、紫藤等花木，生机盎然。堂的制式为硬山式，塑哺鸡脊。朝南东西两侧各六扇骑墙半窗，中间十八扇落地长窗。堂内金砖铺地，两侧开始砖细框长方形门宕。古色古香，堂内陈列文房四宝、茶具、瓷器、书画等艺术品。

第二进名"福临堂"。庭院内点缀湖石，栽植翠竹等花木，设置茶几茶椅。福临堂的制式为硬山式，塑哺鸡脊。堂内金砖铺地。粗壮的扁作梁上，镶嵌精美的山雾云木雕。堂内布置明式家具，有茶几、圈椅等。与众不同的是，堂内陈列一只非洲象头，象鼻象牙象耳俱全，堪称镇馆之宝。

第三进名"垂福堂"。堂前设置一座庭院，古典园林和现代公园特色融为一体。木构铺地前，镶嵌一条漂浮睡莲的碧流。活水从山石中不断流出，天然自成。栽植的红枫和翠竹生机盎然，相映成趣。堂的制式为硬山式，塑哺鸡脊。朝南设置庑廊，两侧开设砖细框门宕。窗的格局为：两侧各六扇骑墙半窗，中间十八扇落地长窗。金砖铺地的垂福堂，面阔五间，堂正中镶嵌六扇屏门，

玄妙观后方丈殿

西侧辟为办公室。室内布置一堂红木家具，有长条供桌、高脚花几、茶几、座椅等。座椅中，既有厚重气派的清式太师椅，又有简洁明快的明式圈椅。

西路建筑布局比较简单，仅一座庭院和一进楼厅。石板庭院内，点缀湖石小品，栽植翠竹和桂树。楼厅名“福庆楼”，是整个方丈殿内唯一的双层建筑。福庆楼设置马头墙，下设雀宿檐。其结构特点是底层屋檐凸出，上层屋檐缩进。因为底层屋檐向外凸出，适合鸟雀筑巢夜宿，故名。底层庑廊设置弓形轩。朝南两侧各六扇骑墙半窗，中间六扇落地长窗。福庆楼的底层，现在布置为“朵云轩珍宝坊”，陈列玉器、瓷器等精品。二楼陈列陶器、瓷器等精品。高朋雅集于此品茗，可抚琴演奏古曲，陶醉于天籁琴声。

方丈殿产权转归私人，辟为文化场所，是合理保护和使用控保建筑的一条有效途径。作为可操作的范例，值得有关部门借鉴和推广。

（何大明/文　倪浩文/图）

陶贞孝祠垂奕禩

控保档案：编号为164，陶贞孝祠，位于山塘街696、701—707号，乃清代建筑。

已被列入中国历史文化名街的山塘街，历史悠久、钟灵毓秀、人文荟萃。她不但拥有众多的幽宅深院、名园雅苑、古刹丛林、名墓义冢和会馆公所，还有各类祠堂，是一条名副其实的“祠堂名街”。在两千多年的封建社会中，社会的核心组织就是家族。而祠堂，则是家族组织中的主要载体和重要活动场所。祠堂大致可以分为四类：宗祠（大家族）、乡贤祠（地方名人及有功地方者）、功德祠（政府或地方群众出资为有公德者记功）、节孝祠（旌表节妇和孝子）。据有关资料记载，仅明代和清代（晚清以前），山塘街上的这四类祠堂，就多达六十五座，列苏州古城街巷之冠。而在这六十五座祠堂中，各类节孝祠竟然多达三十六座，蔚为壮观。

节孝祠分为孝子祠和节妇祠。节妇祠中旌表的“节妇”，是忠实遵循“三纲五常”和“三从四德”封建伦理道德的楷模。所谓“三纲”，即君为臣纲、父为子纲、夫为妻纲；所谓“五常”，即仁、义、礼、智、信。所谓“三从”，即未嫁从父、既嫁从夫、夫死从子；所谓“四德”，即妇德、妇言、妇容、妇功。这些封建伦理道德准则和戒条，束缚妇女的人身自由和权利，存在着封建糟粕。对于模范遵守妇女伦理道德的节妇，在她去世后，就能享受到立祠祭祀的待遇。陶贞孝祠旌表的张氏，就是一个节妇的典型。

陶贞孝祠位于山塘街上，现在门牌号码为696号、701—707号。该祠现在已经被列入苏州市控制保护建筑名录，标牌184号。祠主陶松龄是苏州乾隆年间的一户富室主人。其聘室张氏，是一位聪明贤惠的闺秀，善于女红。她嫁入陶门后，整天忙于操劳家务，任劳任怨伺候公婆。后来，陶松龄不幸染疾身亡。张氏恪守封建礼教的妇道，始终守寡不改嫁。张氏去世后，地方政府旌表其德，于乾隆十七年（1752），设立一座陶贞孝祠供人祭祀。

陶贞孝祠坐北朝南，是一座平面为T形的建筑。中间一路依次为牌坊、门厅和享堂。两侧为附房。如今，控制保护的主要是中间一路。牌坊为单间双柱石牌坊。从上至下三条横坊上，分别浮雕凤凰、云龙和狮子。这三种动物都是石雕中经常运用的吉祥图案。技法为深浮雕，造型栩栩如生。两侧石柱上，镌刻对联一副。联曰：“馨香垂奕祼；绰楔表坚贞。”联义是：（张氏的贞孝）德行馨香致远，值得传播并盛大祭祀；其绰约风姿应该载入史册，作为坚贞的楷模。如今，牌坊柱间的空

宕已用砖块砌实，成为一堵月洞式墙门。门上配置对开朱漆木门。门前增设半圆形台阶。牌坊两侧砌筑八字形砖墙。墙内伸出绿荫，演绎唐诗“一枝红杏出墙来”的意境。

第二进门厅（祠门）现在已不存。所幸第三进享堂仍在。享堂形制为硬山式，塑云纹脊，屋顶覆盖传统的小青瓦。享堂面阔三间十二点四米，进深七点六米。堂的两侧，绿树相映成趣。拾级而上，可至庑廊。廊间设置圆柱，柱间连缀精美的挂落。享堂大门为“三段式”：中间配置落地长窗。两侧矮墙上配置半窗。入内，金砖铺地。这种叩之铿锵作声的清水方砖，为陆墓御窑所产。古朴典雅的享堂，雕花扁作梁上，设置别具一格的棹木。两侧山墙上镶嵌的“山雾云”木构件，透雕祥云和仙鹤，栩栩如生。

享堂为陶贞孝祠的主厅，供祭祀之用。当年朝南屏门上，据说悬挂有陶松龄和张氏的画像。两侧悬挂一副对联，联文也是：“馨香垂奕禩；绰楔表坚贞。”堂内设置供桌，桌上摆放陶松龄和张氏的木牌位，以及插蜡烛的铜烛台。桌前有三足香炉，可焚化锡箔和点燃熏香。每逢清明、冬至和亡灵的忌日，其后人便来到享堂，点烛燃香祭拜逝者。

当年的陶贞孝祠，占地范围颇广。东面至虎丘中心小学，西面与现在的708号民居为邻。新中国成立后，祠堂为单位占用。后来，祠堂一度辟为虎丘少年军校，享堂成为上课的课堂。从学校选拔出来的优秀学生，有幸到少年军校第二课堂学习。学校聘请部队的教官，为孩子们传授军事知识，对学生进行国防教育和爱国主义教育。如今，仍然空关的陶贞孝祠，还有待于进一步修复，辟为文化场所使用为妥。

（何大明/文　倪浩文/图）

北寺塔东关帝庙

控保档案：编号为007，关帝庙，位于西北街关帝庙弄4号，乃清代建筑。

关帝庙位于北寺塔东面的关帝庙弄4号。据《百城烟水》载：“关帝庙在卧龙街东。宋淳熙间建。初甚隘……重修，万历甲申、丙辰、己未累修始大。崇祯戊寅，陈公仁锡增祭田。清顺治丙申、康熙戊午又修。”潘君明《苏州街巷文化》“东北街”条的解释是“10号原为护国禅院，俗称关帝庙”。

《沧浪区志》“关帝庙”条则说：“（关帝庙）在饮马桥南堍，坐西朝东。始建于明洪武十二年（1379）。民国二十年（1931）时有庙屋二十余间，神像十几尊，地基三百六十平方米。1952年散为民居。1982

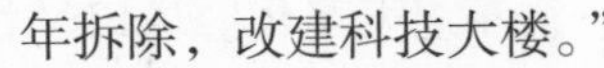
年拆除，改建科技大楼。”

据《平江区志》载，关帝庙清初建造，木结构，是主祭汉代关云长的典祀庙，原属报恩寺分庙。庙内大殿当中供关帝铜制立像，像前有一块长一点五米、宽零点五米的大青石跪垫。民国九年（1920）报恩寺住持僧昭三收回此庙铜像，庙产作为客舍。民国二十三年（1934）租给摇丝作，后由居民田炳媛居住。“文革”中田炳媛被下放苏北，庙由市房管局接收，现为民居，庙屋陈旧不堪。1985年尚存青石碑一块，砌入墙内。关帝像前的一块青石拜垫亦在，但中段已有裂缝。1983年被列为苏州市控制保护古建筑。

在长洲路，也有一座关帝庙。清乾隆二十七年（1762）秋，道士大椿募建。民国二十二年（1933）源泰昌店主许瑞卿斥资重建。大殿为五开间，侧厢为楼房，占地一百八十平方米。后曾由救火会接管，现用作民居。砖刻门额完好。

此外，据《吴县志》记载：关帝庙在齐门外洋泾塘岸。在娄门西街徐家场30号也有一座关帝庙，现仍为信奉者烧香场地。

关帝庙供奉的是众所周知的三国关公关云长。关云长是历来民间崇祀的对象，他生性尚义，集忠、孝、节于一身。据《三国演义》描写：“关云长身长九尺。东汉末与刘备、张飞桃园三结义。曾任蜀汉政权前将军，爵至汉寿亭侯。谥曰‘壮缪侯’。”由于关云长忠义，去世后，逐渐被神化，说是被玉帝封神，伏魔除祟，降福消灾。《沧浪区志》“关帝庙”条就记载了一个关帝显灵的故事：清顺治二年（1645）闰六月十三日凌晨，清总兵土国宝率军由盘门屠城至饮马桥，朦胧中忽见关帝提刀跨马挺立桥上，惊为神明显灵，遂跪拜，并下令封刀止屠。饮马桥关帝庙香火从此盛极。

关云长又是驱邪避恶，庇护商贾，招财进宝的保护神，颇受民间推崇，经历代朝廷褒封，被奉为关帝圣君。传说关云长管过兵马站，长于算数，而且讲信用、重义气，故为商家所崇祀，一般商家认关公为招财进宝的武财神。

苏俗称关帝生日有三：元月十三为胎日，五月十三为出生日，九月十三为成神日。祭献以五月十三为重。

（郑凤鸣/文　倪浩文/图）

戏楼已迁的外安齐王庙

控保档案：编号为179，外安齐王庙，位于东汇路68号，乃清代建筑。

外安齐王庙在东汇路68号。外安齐王庙是相对于齐门内渔郎桥浜安齐王庙而言的。因城内外都有安齐王庙，时人都称供奉的神像是齐大老爷，而且齐大老爷都姓安，二者之间分不清，因此苏州人有句俗语，叫作“倷碰着齐大老爷哉”，意思是这下你搞不清了。《宋平江城坊考》则分得很清：内祀安万年，外祀安重晦。

外安齐王庙是一座道观。《吴县志》载：“外安齐王庙，祀后唐中书令安重晦。重晦，后唐名医，太原人。清康熙三年（1664）建。咸丰十年（1860）毁。同治中木业同人重建，奉为金鹅乡土谷神。”《齐溪小志》载：“安齐王庙，在齐门外，祀安重晦，雍正年间建。庚申之变（1860）毁于兵，光复后重建。”

外安齐王庙原坐北朝南，共三进，原房舍合计四十六间半。正山门以水磨青砖建成，额“修文货筏”。大概是提倡文教，达到社会昌明

的意思吧。东西两侧的边门则为黄石，门楣以上的水磨青砖刻有“杨仁”“惠庥”四个阳文的楷体大字，雄浑庄严，道味隽永，大意是劝诫世人去恶扬善，厚德载物，修性、修行、修文。

与正门及东、西翼门相距二点五五米处，各辟宅门，过了正中宅门，是第一进的头门。戏楼坐南向北，正对大殿。戏楼歇山顶，属山字形两层三面伸出型。其上层演区宽四点四九米，深三点九二米。戏楼下层通高二点五九米，下砌人字砖，为出入通道。台北为露天石板戏坪及东、西看楼。第二进为大殿，第三进为二殿。

戏楼以酬神演出为主，例必张灯演剧，农历十月廿六日神诞尤盛。清末民初以昆剧、京戏为主。20世纪30年代，渐为堂名清唱代替。

安齐王是陆慕贤圣庙贤圣老爷的下属，封为“翊圣明王”。“翊”有“辅佐”的意思。1958年，安齐王庙由政府代管，殿前院内那只铸有“翊圣明王”四字的大铁鼎被毁。“文革”期间，大殿及安齐王和他的夫人像，还有两侧的八名皂隶等全毁，西看楼被拆，头门、正殿租给东吴酒厂作仓库，其余亦已坍塌或散为民居。

今大殿及对面的戏楼结构尚完整，但已破旧不堪。从庙后横长方形青石碑还能看到“清乾隆四十六年（1781）”“乾隆四十九年（1784）”，以及捐银者姓名等字样。捐银者都是江西木商。

江西木行老板王念椿、程庚桂都曾经是安齐王庙的上房（即庙

东）。如今可知有名有姓的安齐王庙当家叫孙永泉。

重建的安齐王庙不大，只有一落二进，但是古风依然，宗教气氛肃穆。庙院落中有一座人面狮足的“唐相府”宝鼎；大殿正厅端坐 “安齐王大老爷”，器宇轩昂；配殿东厢供奉财神、观音和王灵官诸神；西厢中南、北大老爷俩夫妇正襟危坐，紫红色和金黄色的服饰上的蟠龙图腾，生动威严；二进和后院是神职人员休闲和安寝的生活区。

2003年，安齐王庙戏台被移建到山塘街176号，既使文物得到了妥善保护，又使山塘街增添了一处景观和公众娱乐场所。

齐门内渔郎桥浜的安齐王庙在宣统《吴县志稿》里有著录：“安齐王庙，在齐门内渔郎桥浜，神为安万年。元末，张士诚破齐门，万年拒战死，故土人以为神。洪熙建。清同治中重建。”1995 年1月陈晖主编的《苏州市志》第一千一百三十九页《部分已废道观院堂简表》则说：“安齐王庙，明洪熙始创，今址在北园西蒋家场30号工厂。”

（郑凤鸣/文　倪浩文/图）

山塘街李氏祗遹义庄

控保档案：编号为167，李氏祗遹义庄，位于山塘街815号，乃清代建筑。

李氏祗遹（zhī yù）义庄在山塘街815号，虎阜大桥西侧，为清代建筑，苏州市控保建筑。“祗遹” 的意思是敬述，出自《尚书·周书·康诰》：内容是敬述了西周时，周成王对周文王姬昌嫡九子康叔治理殷商旧地民众的任命。康叔治国有方，开创了卫国大治的局面，深受淇人敬仰。“祗遹” 用在建筑上则是举行祭拜仪式的地方。

由徐刚毅等著述的《七里山塘》收入了一篇钱勤学的文章《山塘访古笔记》，文章对李氏祗遹义庄是这样记述的：“李氏祗通义庄(山塘街815号)，位于虎阜大桥西侧，现存四进清代建筑。享堂三间，前设双翻轩，左右内壁有清水砖勒脚，硬山顶，观音兜山墙。仪门为硬山顶，三山屏风墙。”由此可见，李氏祗遹义庄朝南，现存四进，即头门、仪门、祠堂、堂楼，均为三开间。后面楼房及祠堂内石坊已毁坏，尚存三进。李氏祗遹义庄的祠堂曾是李氏族人祭祀祖先，办理婚、丧、寿、喜，商议族内重要事务和聚会的场所。

李氏祗遹义庄为硬山顶，祠堂和仪门观音兜山墙，双坡屋顶，两侧山墙同屋面齐平，高高的风火山墙，保佑着李氏祗遹义庄的太平无事。享堂

三间，面阔十点七五米，进深九点五五米，安放李氏祖宗像牌，供奉祭品，按节祭拜。

李氏祇遹义庄曾被用作小学、房管所、居委会等。私立敦仁小学，原在虎丘二山门西侧，拥翠山庄南。敦仁小学是1930年开办的民众学校， 1956年春，搬至山塘街李氏祇遹义庄，后改为苏州虎阜小学校 。

（郑凤鸣/文　倪浩文/图）

灵迹司庙宝贝多

控保档案：编号为010，灵迹司庙，位于东北街128号，乃清代建筑。

灵迹司庙在东北街128号，俗称疟痢都城隍庙、痢疾司堂。

城隍又称城隍老爷，他是一个城市冥界的地方官；都城隍是一个省的冥界地方官和守护神，城隍和都城隍，都是城市的守护神，负责鉴察民之善恶，然后报以福祉或灾祸。

疟疾为急性肠道传染病，是经蚊虫叮咬，或输入带疟原虫者的血液而感染的虫媒传染病。灵迹司庙供奉的当然是保佑人们身体健康的城隍老爷啦，他的大名为汉司徒朱邑。用现在的话来说，疟痢都城隍庙供奉的应该是分管卫生的副省长吧。

灵迹司始建于明成化元年（1465），位在百口桥（东北街西段北侧）。民国《吴县志》载："清乾隆初，里人刁嵩移址普福寺西。祀神汉司徒朱邑，民间奉为土谷神。光绪初，里人王元梁等重修，于庙内增建'金谷书院''孝悌堂'。"潘君明《苏州街巷文化》载："东北街128号旧为灵迹司庙，有大殿、楼厅、戏台等。"

朱邑（？—前61），字仲卿，庐江舒县（今安徽庐江）人，西汉官员。朱邑二十多岁时任桐乡（今安徽桐城）啬夫，掌

管一乡的诉讼和赋税等，他处处秉公办事、不贪钱财，以仁义之心广施于民，深受吏民的爱戴和尊敬。几年后，朱邑升任卒史（官署中的属吏），兢兢业业，协助太守发展生产，处理日常事务，显示出卓越的才干。汉昭帝时，朱邑被举为贤良，任大司农丞。汉宣帝时，升任北海郡（今山东昌乐东南）太守。数年后，朱邑以“治行第一”选拔入京，任大司农，掌管全国租税钱谷盐铁和财政收支，可谓是朝廷重臣。神爵元年（前61）去世。

整座灵迹司庙建筑构架相当恢宏，共五进。原本分为两个部分。西边从南而入为庙宇，东边从北进，第二进屋脊为哺鸡脊。从屋顶上看，应该是八架七界的构造，前三界后四界不对称，属于粮食商会。

新中国成立前，灵迹司庙被国民党用作兵营。两边豢养军马、囤积军粮，储存弹药，后因管理不善，弹药爆炸，神台、山门、戏台俱废。

新中国成立后，东边粮食商会被分割使用。“文革”时，西边庙宇神像被毁，迁入三十多户居民，从此成为民居。

灵迹司庙门宕砖刻“灵迹司”三字，原本两边都有四大金刚，中间有佛像。进门是一个比较宽敞的天井，天井中原本有亭子，大殿单檐硬山式，殿阶前有古井“止疟泉”，原有井栏圈雕刻精细，有“狮子滚仙球”图案，但在2003年被盗。

灵迹司庙目前尚存坐北朝南三路四进，面阔三间十点二米，进深

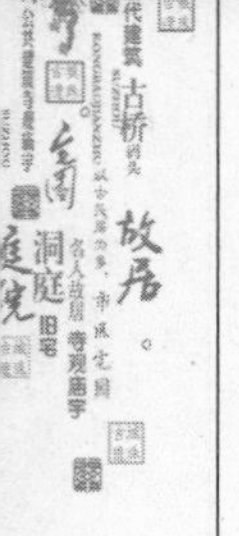

十一点四米，高八米，扁作梁架，殿后有楼两进，为寝宫，俗称娘娘殿，贯通后楼。

如今，灵迹司庙内的牌科等古老的建筑构配件还保存完好。庙内原有两块青石碑刻，记载有关灵迹司庙名称的出典与历史。其中清乾隆年间《长洲县大云乡灵迹司土地奉宪复古原管图碑记》，在1984年6月由博物馆收缴，现存孔庙碑刻博物馆。

（郑凤鸣/文　倪浩文/图）

杭氏义庄话沧桑

控保档案：编号为077，杭氏义庄，位于东花桥巷41号，乃清代建筑。

杭氏义庄位于东花桥巷41号，建于光绪十四年（1888），由元和县杭安福创建。

杭氏义庄坐北朝南，分东、西两路。

东路两进，第二进为享堂，硬山顶。面阔三间十一点二米，进深十二米，扁作梁架，浅雕花卉，前双翻轩，后单翻轩，外檐设桁（梁上的横木）间斗拱。在柱子的上部、屋檐之下，用方形小斗和弓形拱层纵横穿插，既起到了承托伸出的屋檐，将屋顶的重量转移到木柱上的作用，又具有装饰作用。西墙嵌有清末著名学者俞樾撰文的碑刻《清故旌表五世同堂晋封资政大夫杭君墓志铭》。

西路三进，均为三开间。

新中国成立后，杭氏义庄成为苏州冰箱厂厂房，后改为苏州拉链厂。现已改建成小区，仅保留部分建筑，且已改变建筑格局和功能。

据乾隆《长洲县志》卷十六载：苏州“织作在东城，比户习织，专其业者不啻万家”。杭氏祖上自丹阳迁苏，世代从事纱缎业，杭安福亦然，他不但是纱缎业巨头，而且有正二品的“资政大夫”官帽。“资政大夫”是个闲职，没有实权，也就是现在的顾问罢了，但已足见他杭家的荣耀。杭安福不但是杭氏纱缎义庄的创建人，他还置田五百亩，赡养贫苦族人，德行颇高。杭安福寿至九十四岁，可以说是“福、禄、寿、德”齐全了。

有资料记载：乾隆三十五到四十五年间（1770—1780），苏州的民办手工业织机已发展到一万数千。如石恒茂英记、李启泰、杭恒富禄记、李宏兴祥记等纱缎铺，都是在乾隆前后开设的。其中位于古市巷

（现白塔西路）的“杭恒富禄记”绸缎庄，就是杭安福后人杭祖良开设的。“杭恒富禄记”绸缎庄精造各色丝织、纱缎，产品在苏城名著一方，并且行销全国。

杭祖良还开发了新品“哔叽呢”。现在的年轻人或许都不知道“哔叽呢”为何物了。哔叽呢是一种精纺呢绒，一般为二上二下双面斜纹织物。其经密大于纬密，斜纹角度在四十五度左右，斜面纹路明显，纹道较粗，多数为匹染，以水灰、淡青色为主。有全毛哔叽、仿毛哔叽、花哔叽等。由于哔叽呢坚韧挺括，价格便宜，非常适合制服的制作。民国时期中山装、军装、各式制服盛行，杭恒富禄记绸缎庄的哔叽呢购销两旺。

杭祖良很有商标意识，把自己的产品设计成了“双鹿”商标图案，呈请民国工商部商标注册，以求政府保护。民国工商部部长刘揆一很快就批准了杭祖良的呈请，并且做出了批示：“苏州商务总会呈暨附件均悉。据称商民杭祖良等各以制造标本呈验，恳请注册给证示遵等情。查该商等所呈丝织样本，花色翻新，织工精密，以之推广国货，洵足挽回利权，合先准予立案。一俟商标章程规定颁布后，再行核夺注册可也。”

（郑凤鸣/文　吉辰/图）

—公共建筑—

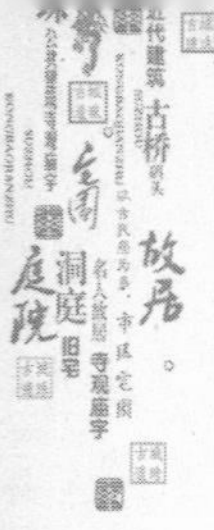

泰让桥皇亭御碑

控保档案：编号为298，皇亭御碑，位于泰让桥东南（原皇亭街），乃清代建筑。

苏州胥门泰让桥东南，原来有一条小巷，名“皇亭街”（现皇亭街小区）。这里紧临环城河与胥江。自宋代以来，历来为苏州水运交通枢纽。清代康熙和乾隆二帝南巡至苏州，这里为上岸的第一站码头。于是，纪念清帝临幸，建起安置御碑的皇亭（御碑亭），皇亭街之名也应运而生。岁月沧桑，至民国年间，皇亭坍塌已不存。2002年2月，市政府实施惠民实事工程，对胥门低洼地区进行改造，皇亭街破旧的民居整体拆迁。令人惊喜的是：隐藏在危房中的三块御碑，就此露出了庐山真面目。原来的它们，有的被砌筑在墙壁间，有的丢弃在杂草丛生的荒地。如今，御碑已迁至皇亭街小区妥善保存，成为环城河四十八景中的

一处亮丽景点，名“皇亭胜迹”。同时，它也是“两河（环城河、大运河）一江（胥江）”中的一个景观节点。

三块来历不凡的御碑，产生的时间不同，都有一段传奇故事。其一，“康熙口谕碑”。康熙二十三年（1684年），清帝玄烨（康熙）南巡至苏州。欣喜之余，他也对当地的吏治提出了一些批评，当面对陪同的两江总督王新命、江苏巡抚汤斌和安徽巡抚薛柱斗等下达口谕：“朕向闻江南财赋之地，今观民风土俗，通衢市镇似觉充盈。至于乡村之饶、民情之朴，不及北方，皆因粉饰奢华。所饬尔等大小有司，当洁己爱民，奉公守法，激浊扬清，体恤民隐。务令敦本尚实，家给人足，以副朕望老安少怀之至意。钦此。”汤斌当场记录面谕内容，于二尚书祠废基勒石树碑筑亭。康熙对官员提出的廉政要求，值得我们后人深思。

其二，“驻跸姑苏城诗碑”。乾隆十六年（1751），清帝弘历（乾隆）南巡至苏州，游览之余诗兴大发，写下一首歌咏姑苏民风的行书七言诗，曰：“牙楼春日驻姑苏，为问民风岂自娱？艳舞新歌翻觉闹，老扶幼挈喜相趋。周咨岁计云秋有，检察官方道弊无。入耳信疑边各半，可诚万众庆恬愉。乾隆辛未仲春驻跸姑苏城。”

其三，“支硎山寒泉诗碑”。乾隆二十二年（1757），弘历帝时隔五年又南巡至苏州，驻跸郊外支硎山，陶醉于名山名泉风光，写下这首五言咏景诗，曰：“泉出寒山寒，秀分支硎支。昔游未曾到，名则常闻之。烟峦欣始遇，林壑诚幽奇。应接乃不暇，而尽登神思。庭前古干梅，春华三两枝。孰为宦光住，斯人宁非斯。乾隆丁丑仲春御笔。”

乾隆的这两首“咏景诗”，也被地方官员勒石刻碑筑亭。据苏州碑刻博物馆的专家介绍：苏州现存的康熙御碑不满五块，“康熙口谕碑”是保存最好的。而在现存的二十多块乾隆御碑中，“支硎山寒泉诗碑”的书法，写得最好。行书浑劲中见洒脱，遒壮中显俊秀。

如今，皇亭街小区内的御碑，坐落在环城河南岸的带状小游园内。这里环境幽雅，沿河砌筑花岗岩石栏。郁郁葱葱的草坪内，点缀若干健身器材。错落其间的香樟、银杏、桂树、红枫等花木，充满盎然生机。三块御碑，安置在一座绿树掩映的花岗岩露台上。露台呈长方形，四周围以镂空雕花石栏。石栏间设置云纹望柱，古朴雅致。露台一侧设置三

级台阶，为高规格的御道制式。御道中间，镶嵌一块斜置的青石，青石上镌刻栩栩如生的“双龙戏珠”图，技法为考究的高浮雕。御道上排列的垂带石，与众不同，形制为抱鼓石护栏。护栏上浅雕花卉图案。

露台上的三块御碑，间隔有序，均为青石质。中间一块为“康熙口谕碑”。整块御碑，从上至下分为碑额（碑头、碑首）、碑身、碑座三部分。碑额高浮雕“双龙戏珠”图，四周装饰龙纹边框。正中额“圣旨”两个楷书，遒劲有力。碑身四周边框也装饰龙纹。碑文比较清晰，系楷书，共二十五行四百二十四字。汤斌根据康熙口谕所写的字，其书法造诣可圈可点。碑座图案为传统的“赑屃”。赑屃是我国古代传说中的一种瑞兽，形似乌龟。旧时高规格的石碑底座，多镌刻为赑屃形制。整块碑刻，高五点四六米，宽一点七八米，厚零点四米。它是三块御碑中体量最大、文字最多的一块。

左右两块石碑，均为乾隆亲笔所写的御碑。右面一块“驻跸姑苏城诗碑”，无碑额，连碑座高三点四八米，宽一点四三米，厚零点四米。碑文为七言诗行书，共三行四十二字，字径约十五厘米。碑文末有两方印章。碑座分为上中下三层，镌刻“双龙戏珠”图。左面一块为“支硎山寒泉诗碑”。该碑形制与右碑形似，无碑额。碑座三层，镌刻“双龙戏珠”图。连碑座高三点一米，宽一点九三米，厚零点四六米。该碑发现时，碑身上的碑文已经漫灭。为了恢复碑文又不损坏原真性，经镌刻高手按原字迹轻轻复刻，才出现印迹。

与三块御碑近在咫尺，有一座小亭，名“万寿亭”。御碑原有的碑亭已毁，现在的小亭系2002年新建。亭的制式，为传统的六角攒尖顶。

黛瓦亭檐下，镶嵌木格挂落。地面铺冰裂纹大理石。六根圆柱下，用花岗石柱础承托。柱间连缀木质吴王靠，可让游人坐憩赏景。小亭南北两面，均悬挂匾额和抱柱联。南面一块匾额，红底黑字，题“万寿亭”三个行书。两侧圆柱上，红底黑字，悬挂一副竹刻行书抱柱联。联曰：“欢声笑语乐万寿；金桂银杏伴古碑。”北面一块匾额与南面相同。其抱柱联曰：“今建圣亭承万寿，古迹御碑传千秋。”

匾额和抱柱联的来历，还有一段不寻常的感人故事。小亭自2002年建成以来，因为经费问题，十多年来一直空荡荡的，没有悬挂匾额和对联。如此，和万寿亭之名极不相称。住在小区内的周登良老人，今年已经七十六岁。他对苏州的传统文化情有独钟，多年来一直悉心收集有关皇亭街的史料。听到大运河正在申请世界文化遗产的消息，老人非常高兴。他认为：包括御碑和万寿亭在内的“皇亭胜迹”，可以作为大运河文化遗产的一个历史见证。于是，老人从自己节省的退休工资中，毫不犹豫取出五千元，为万寿亭配置匾额和抱柱联。著名书法家、活字雕版专家芮名扬先生为老人的无私奉献精神所感动，免费题写了匾额和抱柱联。周登良老人请香山帮制匾高手，精心制作了两块匾额和两副楹联。2014年7月9日，崭新的亭匾和亭联，正式悬挂于亭内。为此，电视台、报社等媒体专门派记者前来采访。据悉，有关部门还将对万寿亭

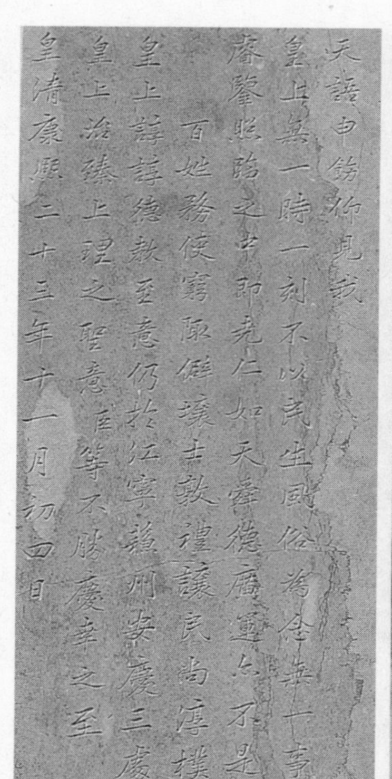

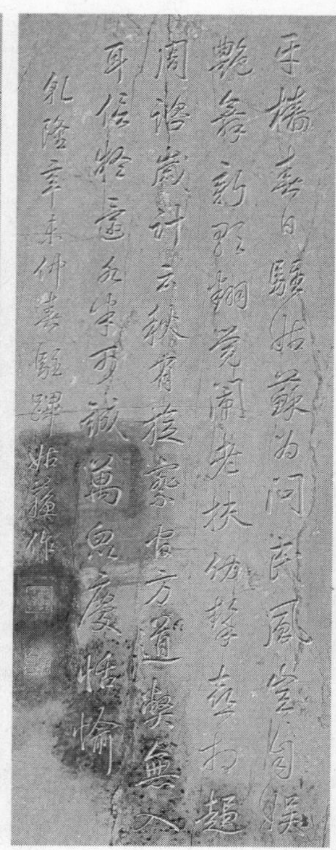

重新粉刷。

但美中不足的是：坐落在皇亭街小区的御碑，处于封闭状态，不知情的外人无法一睹其芳容。同时，处于露天的御碑，历经十多年的日晒雨淋，黑白对比色已经荡然无存。还有少数小区的业主，将拖把和鞋子等物，晾晒在露台上。如此不文明的做法，不但大煞风景，对文物保护也产生负面影响。有关部门曾经考虑搬迁御碑，但遭到小区居民反对。笔者以为：通盘考虑，从利益最大化角度出发，为了更好地保护这三块御碑，同时也让更多的游客欣赏，不妨在不妨碍原真性的前提下，将御碑位置微调，迁至环城河对岸的百花洲公园内。同时，为三块御碑建造一座碑亭。如此，皇亭胜迹才能名副其实，发挥更大的作用。

（何大明/文　倪浩文/图）

范庄前五路财神戏楼

控保档案：编号为052，五路财神殿戏楼，位于范庄前5号，乃清代建筑。

五路财神庙戏楼在人民路范庄前5号，现戏楼为民居，原有石碑在“文革”时被砸毁。

虽然百戏之祖就产生在苏州，但直到清初苏州尚无戏馆，也没有戏楼，而是在船上演戏，俗称“戏船”。演员在河里的船上演戏，观众站在岸上，或者坐了船看戏。

“戏船”上岸，演变成戏台或戏楼。苏州古戏楼文化历史悠久，大多隐藏在状元府第、官宦建筑、会馆公所、祠堂、庙宇里。演戏的目的是为了祭神、娱神，祈求国泰民安、风调雨顺。后来，举办庙会、祭神的场所，渐渐演变成了社戏表演、欢庆节日的娱乐场所。

1995 年1月陈晖主编的《苏州市志》载：五路财神庙戏楼在人民路范庄前。明初始建，清乾隆三十八年（1773）及道光十九年（1839）重建，光绪中

修。坐南朝北、与殿宇遗址隔巷相对。台为硬山顶，面阔三间七点三米，进深六点五米，高两层八点四米。上层外檐置挂落和回纹栏轩；下层以清水砖贴面，设门三道，中门较大，左右门楣配以“利泽”“财府”砖额。两侧北出砖墙，高与台檐齐。前有蹲狮石望柱两根，当年装有栅栏。后台原临小河，近代河已填塞。

五路财神戏楼，硬山顶东西略长、南北略短的镜框形，正面底层有中门，左右有侧门，边有备弄，砖细贴面。上层演区深四点二米，宽七点三四米。戏台后部正中用六扇白漆荫门组成板墙间隔，宽三点三四米。板墙后面东端，专开一个一点一一米宽的上下口，上置活络盖板，下设西向楼梯。从板墙后面到底壁（上层用长条木板拼成，下层砌砖），深二点三米，演出时用作演员候场的地方。

板墙东、西两端各宽两米，东门“出将”、西门“入相”。正前方延伸三点二米处，相对各有1根木柱支撑，柱与东西墙各相距两米（下层无此二柱）。柱以南，上设船篷轩，高三点九七米；柱以北，上设菱角轩，高三点零六米。北面台口高二点五米。

台口上缘，精镂如意头形镂花朱漆三组木边框，中间一组宽三点三四米，东西两侧各宽两米，下沿相应设置高一点零四米之花格朱漆木栏；伸出于台口前方一米左右的菱角轩檐口下面，也有镶缀镂花朱漆木边框，框间悬置四根木雕朱漆花篮垂柱（中间两根可挂明角灯），边框中央原挂一匾，上题“万福齐臻”四字。

台口下沿以北，另砌一磨砖贴面狭长平台，中段长三点六六米，宽零点九六米，两翼各长一点八四米，宽零点六六米，并于平台外缘设置高零点六四米砖栏，栏间等置十二根砖望柱。

下层三楹，清水砖贴面，演出时作为戏房，面积与上层相等，通高二点九三米。戏楼前石板戏坪深四点六九米，沿巷并立四根狮座方形金山石望柱，柱高二点二七米，柱根深零点四七米，石柱间设置等高木栅，正中设两扇木栅嵌花大门。

说到五路财神戏楼，不能不说到五路财神庙。据《吴门表隐》卷十一载："五路财神庙在芝草营桥（今范庄前），向在桥上，明初建，甚小，仅丈许。"由清乾隆三十八年（1773）知府萨载、吴县程兆选、绅士陈王宾、张萼咸等捐购西首民房改建。清道光十九年（1839）郡绅顾森、潘曾琦、王汉涛、陈鼎元、杨裕仁、马钊等捐募重建。光绪中修。庙共四进二十一间，坐北朝南。

抗日战争胜利后至1953年间，庙第三进曾经作为苏滩"开智社"社址。公所内供奉戏曲祖师老郎神立轴。老郎神立轴于1966年被毁。

1972年、1987年先后拆除头山门、大殿、二殿、斗姆阁，拓建成苏州市口腔医院。

五路财神庙供奉的是财神。

财神是道教俗神。相传财神姓赵名公明，又称赵公元帅、赵玄坛。除了赵玄坛被尊为"正财神"外，民间还有"文财神"和 "武财神"的说法。范蠡是一位文财神，他是春秋战国之际杰出的政治家、思想家

和谋略家，同时也是一位生财有道的大商家。“武财神”关圣帝君即关羽关云长。传说关云长管过兵马站，长于算数，发明日清薄，而且讲信用、重义气，被视为招财进宝的财神爷崇祀，文武财神之外，民间还有 “五路”财神的说法。在《封神演义》中，五路财神指的是赵公元帅、招宝天尊萧升、纳珍天尊曹宝、招财使者陈九公和利市仙官姚少司。

清人姚富君说：“五路神俗称财神，其实即五祀门行中之神，出门五路皆得财也。”其中的五路，指东、西、南、北、中五方，意为出门有五路神保佑，得好运，发大财。五路财神都是吉祥神，也是民间吉庆年画中常见的形象，他们深受人们的爱戴和崇拜。

（郑凤鸣/文　倪浩文/图）

木渎小窑弄天主教堂

控保档案：编号为306，木渎天主教堂，位于木渎镇小窑弄10号，乃民国建筑。

吴中区木渎古镇，历史悠久，人文积淀丰厚。它是著名的江南园林古镇，也是中国历史文化名镇。古镇的宗教文化也颇有底蕴。其中，就有一座天主教堂。它位于古镇小窑弄10号，始建于20世纪20年代末，至今已有八十余年历史。现在，已被列入苏州市第四批控制保护建筑名录。

作为西方宗教文化的天主教，在苏州传播至今，已有五百余年的历史。明代万历二十六年（1598）一月，意大利耶稣会传教士利玛窦来苏州小住，开始传播天主教教义。清代顺治六年（1649），葡萄牙籍的潘国光教士，以及意大利籍的贾谊睦教士来苏，在古城内通关坊，建起一座教堂。顺治帝题赐“钦崇天道”横匾和御碑各一块。康熙三年（1664），苏州有教徒五百人左右。光绪十三年（1887），在苏州胥门

外杨家桥（今三香路莲香桥堍），建起一座颇具规模的教堂，名“七苦圣母堂”。民国时期，天主教在苏州乡村和邻县传播较快，教徒以当地村民为多，通常世代沿袭。鼎盛时期，教堂多达七十余座。其中，就有木渎的天主教堂。

有关木渎天主教堂的史料很少。笔者前往该教堂采访时，巧遇一位当地的热心人。这位姓周的大妈，三代都是虔诚的天主教教徒。从她口中，笔者得知了不少有关该教堂的历史和逸闻。20世纪20年代末，为了满足木渎和周边地区天主教徒的需要，在镇上小窑弄划出四点六亩宅基地，建起一座天主教堂。这座具有西洋建筑风格的教堂，除了“做礼拜”的主教堂，还有会议厅、餐厅、寝室等。教堂内还种植了不少花木。每逢礼拜天，前来教堂的教徒人满为患。许多不识字的农村妇女，抱着好奇心来凑热闹，就此成为天主教徒。抗战期间，教堂被迫关闭，房屋受损。新中国成立后，教堂传教一度被禁止。教堂也移作他用，成为制作蒲包的工厂。“文化大革命”来临，教堂面临被红卫兵砸毁的危险。幸亏工厂用房需要，教堂才逃过一劫。

粉碎“四人帮”后，根据中华人民共和国宪法，落实宗教政策，木渎天主教堂回归宗教部门，由苏州杨家桥“七苦圣母堂”管理。国家拨出专门经费维修教堂。周大妈的儿子姓许，在“七苦圣母堂”担任神父。由他具体负责，维修破损的天主教堂屋面。可惜，由于历史原因，一些房屋移作他用，教堂面积比以前缩小了不少。每月的第一个星期天，由“七苦圣母堂”派出神父和修女，来木渎教堂举行传教活动。古镇和周边地区，甚至上海的信徒，都纷至沓来，一时间热闹非凡。

现在的木渎天主教堂，由教堂、庭院和一座两层楼附房组成。教堂的外立面，虽经岁月沧桑，但仍保持当初民国时代洋房的建筑原貌。外墙用青灰色砖扁砌，水泥浆勾缝。大门、方柱和屋檐下的四周边框，却用红砖扁砌作为装饰线条。色彩对比鲜明，给人以强烈的视觉冲击。从屋顶的爬山虎中间，隐约可见附房的观音兜山墙。其传统苏式建筑风格与教堂的西洋风格截然不同。中西合璧，相映成趣。

教堂的三扇大门，间隔排列有序。其格局，中间一扇正门体量大，两侧边门小一些。长方形门宕的上框，变形为弧形线条，刚柔相济。整扇木构门的上部，镶嵌可以开启的扇形玻璃气窗，便于通风采光。正门上方，镶嵌一块扁长方形砖额，题“天主堂”三字。屋檐上竖起一个十字架。这是教堂建筑的一个特殊符号。东西两侧山墙，间隔有序，各开设五扇木框扇形玻璃窗。窗的下部，用“拉毛水泥”的装饰手法，堆塑出套方几何图案，别具风味。

教堂内部，庄严肃穆充满传教氛围。宽敞整洁的地面上，排列四排长条形靠背木椅。支撑屋顶的木构方柱，顶端装饰葫芦形挂落。柱身上配置的铁架壁灯，造型典雅具有西洋风格。两侧山墙上，每侧悬挂七幅配置镜框的图画，内容为耶稣十四次受难图。房顶上，垂下多块匾额，所题内容均为天主教的教义。如，蓝底金字匾：主恩浩大；黑底金字匾：诣德泉源；红底金字匾：荣耀君王。匾的字体各不相同。教堂朝南一面，设置高出地面的讲台。墙上，悬挂“耶稣与十字架”雕塑。两侧为黑底金字对联：“天主神爱施福佑；耶稣圣心保平安。”墙角左右两

侧，摆放耶稣像和圣母玛利亚像。讲台正中，设置祭桌和讲桌。每月的第一个星期天和圣诞节期间，众多天主教的善男信女教徒，就从四面八方会聚于此，接受神圣的传教礼仪。神父带领大家做弥撒，传授圣经教义，修女带领大家唱赞美诗，其乐融融。

教堂与附房之间，坐落一个小庭院。小庭院浸淫苏式园林元素。卵石铺地间，镶嵌精美的莲花图。翠竹、含笑、桂树、枇杷等花木，郁郁葱葱，生机盎然。附房的底层，配置休息室和厨房间，为信徒提供品茗和用餐方便。从庭院的水泥楼道拾级而上，可至附房二楼。二楼的卧室，供神父休息。宽敞的室外晒台，可远眺赏景。

木渎天主教堂，也是古镇宗教文化的一个旅游景点。

（何大明/文　倪浩文/图）

省立第二农业学校旧址

控保档案：编号为284，省立第二农业学校旧址，位于西园路279号，建于1914年。

苏州古城阊门外，有一块环境幽雅的风水宝地。这里北临西园路，与昔日野芳浜（一名冶芳浜）相邻；南依上塘河，隔河与枫桥路相望；东面近在咫尺，就是江南名刹戒幢律寺（西园）。省立第二农业学校，就诞生在这块文化积淀丰厚的沃土上。

1868年，日本推行“明治维新”运动，提出“启迪民智”“振兴实业”等口号，实行“劝农”等富国强民政策。中国国内有识之士从中受到启发，要求学习东瀛的呼声日益高涨。于是，省立第二农业学校应运而生。这所百年老校的前身，为苏州官立农业学堂。据民国《吴县志》等有关资料记载：该校于清代光绪三十三年（1907）设立，苏州知府何刚德任监督。当时的校址，在盘面内小仓口。民国元年（1912），学校更名为江苏省立第二农业学校，首任校长王舜成。为适应学校发展的需求，第二年选址在阊门外上塘河的下津桥北岸，在七十六亩屋宇旧址上，大兴土木建立新校。全校师生都自愿参与建校劳动。

民国三年（1914）六月，新校舍主体工程竣工。校门朝南沿上塘河，方便水运农用物资。西部为学校农场，东部为教学区。教学区分为正落和东落。正落前排平房辟为教师办公室，后排房屋辟为上课的教室。东落前排平房辟为教师宿舍，后排楼房供学生自习和住宿。当年11月，全体学生迁入新址上课。每年11月11日，为建校纪念日。抗战时期，学校被日军占领，学校停办。民国三十五年（1946）八月复校，更名为苏州高级农业职业学校。当时，校内尚驻扎国民党军队的骡马队，校舍沦为马厩，房屋毁损过半。

苏州解放后，学校又更名为江苏省苏州农业学校。建校初期，学校就设置桑园和果园，聘请留洋学成归来者任教。后来，增设农学和蚕学二科。民国八年（1919），在全国首创园艺专业。民国十三年（1924），又在全国率先开设庭园学和观赏树木两种科目。在历史进程中，农校涌现出不少杰出人才。王太乙是南京中山陵园艺建设的最早主持者。首届蚕科专业毕业生孙本忠，培育成功我国第一个黄皮蚕种。园艺学家唐志才著有权威的《改良农器法》一书。他在书中开全国先河，首先提出改良中国农器，引进西方农业机械的主张。农校教员费耕雨，曾经担任浙江省昆虫局首任局长。农校教员顾复，成功培育出出粉率很高的“锡麦1号”，在全国影响很大。农校毕业生章守玉（1897—1985），民国时期曾

经担任中央大学、复旦大学、沈阳农学院教授，是中国著名的园艺学家和园艺教育家。1953年，他创建了中国第一个园林绿化专业。为了纪念这位农学泰斗，在农校校园内，塑有章守玉的持杖站立全身铜雕像。

如今，校园内保存至今的一些建筑遗构，已被列入苏州市第四批控制保护建筑名录，名称为“省立第二农业学校旧址”。旧址包括：原来的一幢教师办公室平房、一块校址界碑以及遗存的古树名木等。一座欧式建筑风格的仪门虽为后来新建，但也纳入保护范畴。

原教师办公室平房，坐北朝南，在农校南大门东侧。四周环境幽雅，掩映在一片葱郁的绿荫中。平房平面呈“凸”字形。其结构不采用传统的“立帖式”木构架承重，而用砖混柱承重，具有典型的欧式建筑风格，为民国年间时髦的洋房制式。平房屋顶铺盖红色平瓦，朝南一字排开，中间设置向前凸出的“抱厦式”拱门。奇怪的是：平房朝南不设走廊，而由拱门中间的走廊通向北面的走廊。北走廊排列有序的木构方柱间，连缀木构挂落。点缀其间的木构葫芦造型，栩栩如生讨吉利口彩。

拱门朝南两侧的外墙，向东西方向延伸。与众不同，外墙用青灰和暗红两种颜色的砖块“混搭”扁砌，水泥浆勾缝。红砖作为装饰性线条，间隔有序镶嵌在青灰砖之间，从上至下共有三条。如此，色泽对比鲜明，造成强烈的视觉冲击。外墙上开设扇形木框玻璃窗，简洁明快。中间的抱厦拱门，前置五级花岗石台阶。拱门由扁方柱、罗马柱和屏风墙等要素构成。两根红砖扁方柱，左右对称，立于拱门最外侧。内侧紧贴两根圆柱形罗马柱。罗马柱呈白色，与红砖形成鲜明的对比。柱顶和拱门圈顶，都堆塑精美的花卉图案。图案左右对称。拱门的顶端，竖起一座略呈扇形的屏风墙。这种立面造型，是西方巴洛克建筑风格的一个显著特征。如今，这座饱经百年风霜的平房，“因房制宜”已辟为校史馆。馆内陈列的图文资料和实物资料，见证了百年老校的辉煌历史。

作为建筑遗构的农校界碑，弥足珍贵。该碑现在镶嵌在校史馆北面的小庭院转角墙上。这里，原来是老教学楼的遗址。围以粉墙的庭院，开设古朴雅致的花窗和月洞门。院内花石铺地，点缀红枫、湖石、石笋等园林小品。保存下来的界碑，就砌筑在庭院外墙的西北角。由于位置较低，且体量不大，行人走过很容易忽视。这块花岗岩界碑，形制少见，为直角相交的竖曲尺形，俗称“两面界碑”。界碑的两面，均镌刻“省立第二农业学校”八个隶书，为阴刻嵌红繁体字。它是创建农校的实物见证，至今正巧百年历史。

农校南大门的罗马柱仪门，因形制独特也纳入控保范畴，值得一提。这里原来就有一座仪门，为昔日教职员工和学生进出通道。可惜，毁于抗战时期。现在的仪门为近年新建。其作用主要作为通道，且具有观赏价值。仪门并排五间，用红砖扁砌，为屋宇式建筑。朝南一面开设三扇“铸铁雕花”工艺门。中间一扇大，左右两扇小。朝北一面共五间，东西两侧各一间，砌为封闭型门房，嵌扇形玻璃窗。当中三间为通道式拱门。正中一扇体量最大，左右两扇略小，相映成趣。三扇拱门，各由两根白色罗马柱和一个弧圈构成。罗马柱上部和弧圈上部，都堆塑精美的花卉图案。整座仪门的最上面，还竖起一座扇形屏风墙，四根立柱间隔其间。美轮美奂，其制式与校史馆的拱门类似，都具有典型的西洋建筑风格。

与众不同的农校，还是一座郁郁葱葱、充满盎然生机的植物园。校园内，随处可见大大小小的绿地。除了草坪植物、地坪植物和灌木，还

有不少乔木和小乔木。其中有：广玉兰、香樟、黄杨、朴树、银杏、罗汉松、雪松等。据《苏州城区绿化志》（2012年，文汇出版社）记载：农校内仅挂牌保护的古树名木（树龄百年以上），就多达十七株。品种有黄檀、银杏、龙柏等。它们都是农校创建时师生手植。因地制宜，校园的东北部和西部，各有一处规模较大的开敞式游园。东园内坡地起伏，卵石曲径蜿蜒于草坪间。遮天绿荫中，湖石点缀，小亭翼然。围以嶙峋黄石的池塘，架设木桥和木构亲水平台。西园建有木构景观水廊，可倚栏赏鱼，领悟庄子的濠濮之趣。一座花岗石拱桥横卧碧波，名芙蓉桥，是夏日赏荷佳处。该桥系江阴校友会捐赠给母校的礼物。

2001年经省人民政府批准，学校升格为苏州农业职业技术学院，成为一所全日制公办普通高校。学校占地面积在旧址基础上扩大了许多，校址定为西园路279号。今非昔比，学校设置多个院系共三十五个专业。学校教学设施齐全，建有多媒体教室和实验室、院内外实训基地、国家级职业技能鉴定站、现代化的图书馆、多功能学术报告厅、先进的影视厅、室内体育馆和室外体育场等。近年来，先后荣获“全国花卉先进单位”“江苏省职业教育先进单位”“全国聘请外国文教专家先进单位”等荣誉称号，并且被指定为：国务院扶贫办劳动力转移培训示范基地、农业部苏州培训中心。学校与美国密执安州立大学等多所国外大学签订了合作办学协议。与国外十多所学校缔结友好关系。学校多次派师生出国进修和考察，接受法国、意大利、荷兰等国家的学生来校研修，接待美国、意大利、日本、韩国等贵宾来访。目前，学校已荣获“江苏省示范性高等职业院校”和“江苏省创业教育示范学校”的称号。

从省立第二农业学校到苏州农业职业技术学院，百年老校，百年流响。

（何大明/文　倪浩文/图）

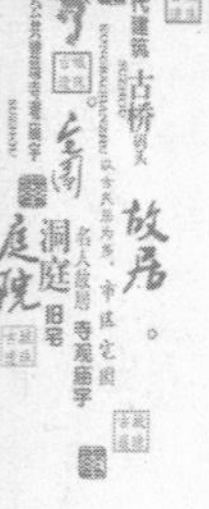

石幢弄桃坞小学旧址

控保档案：编号为291，桃坞小学旧址，位于石幢弄34号，乃清代、民国建筑。

位于姑苏区石幢弄34号。初为桃坞中学前身显道女中。1937年抗战开始，即行停办。抗战胜利后桃坞小学复校，校舍迁至此处，校长由桃坞中学校长兼任。1952年6月人民政府接办，定名为桃坞小学。现存青砖建筑两座，南称绿楼，北称红楼，红楼二楼传为旧时传教士的居所。

绿楼存兴建年代“1905”的字样；红楼存兴建年代“1934”的字

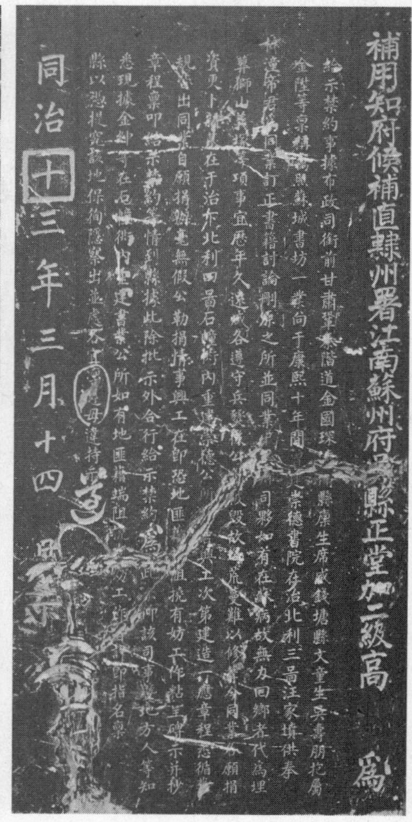

样。附近尚有近年学校基建时发掘到的同治十三年（1874）重建崇德公所的石碑。

（倪浩文/文、图）

阳澄湖济民塘抗战碉堡群

控保档案：编号为299，阳澄湖抗战碉堡群，位于阳澄湖镇，建于1932年。

共有碉堡四座，分别位于相城区阳澄湖镇岸山村南斜宅自然村、北前村东塘三组、东塘四组和圣堂村圩桩浜南天门。民国二十一年（1932）1月28日，为防日本侵略军背后偷袭，苏州等地紧急构筑防御碉堡，但后来未曾实际使用。碉堡基本长四米、宽三点五米、高二点四米，钢筋混凝土结构，沿济民塘河而筑。2009年12月，曾被列为相城区

文物控保单位。

碉堡虽然经过了这么多年的风风雨雨，因其所用水泥、钢筋质量较高，故至今较为完好。目前碉堡尚不锁门，来者可进入碉堡，一窥堂奥。

（倪浩文/文、图）

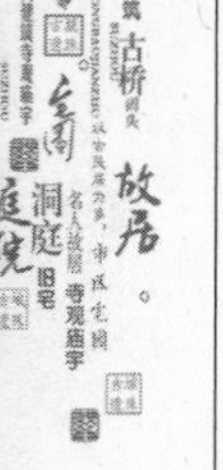

更生医院寻旧址

控保档案：编号为283，更生医院旧址，位于广济路286号，建于1919年。

广济路是旧名大马路中的一段。据《金阊区志》载，“大马路，辟于20世纪初，系沪宁铁路通车后自火车站通向商业繁华区石路和城南‘租界’的唯一车行干道。1966年改称延安北路，1980年调整地名时（因路跨越广济桥），改名广济路”。

位于四摆渡（今广济路286号）的苏州广济医院，最初是1923年，美国传教士惠更生（Wilkson），在齐门外洋泾塘岸购置土地，创办的近代精神病治疗机构“福音医院”。民国八年（1919），惠更生（1862—1935）得到天官坊陆氏捐赠，在四摆渡另立“更生医院”，由惠更生担任院长，民国十六年（1927），由其弟Gir.Wilkson继任院长。更生医院专门收治霍乱、脑炎等病人。

民国十三年（1924），军阀齐燮元和卢永祥在浙江混战，曾由红十字会在该院改设伤兵医院。民国二十六年（1937），日军占领苏州，更

生医院关闭。抗战胜利后，负责苏州城防的青年军二〇二师进驻。1948年7月11日，二〇二师撤出。从重庆迁到苏州的圣光中学在此办学。张治中将军担任学校董事长。1951年6月，圣光中学迁出，并入萃英中学（现苏州市第五中学）。

1951年，在更生医院旧址设立“苏南康复医院”，主要是收治朝鲜战争的志愿军伤病员。1953年，更名为江苏省第三康复医院。1955年9月18日，成立“苏州精神病院”， 专门接收救治部队精神病人。1984年经市政府批示，改称“苏州广济医院”至今。

苏州广济医院设有临床精神科、神经内科、精神外科、中医科和门诊部。还设有药剂、放射、检验、脑电图、心电图、超声波、理疗、音疗、体疗、工娱疗等医技科室，设有司法鉴定组，开展司法精神病学鉴定。附属于医院的精神卫生研究所，设有精神生化、遗传免疫、精神药理、流行病学、司法、儿童、心理、中西医结合八个研究室。苏州精神病院同时是苏州医学院的教学医院，承担苏州市卫校的专科教学任务。催眠治疗与精神药物等研究在国内享有较高声誉。

（郑凤鸣/文　倪浩文/图）

—古桥码头—

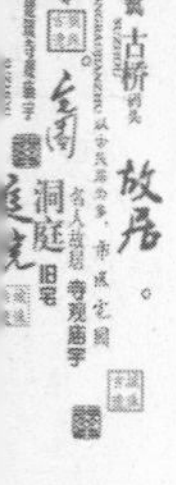

况钟重建的南马路桥

控保档案：编号为294，南马路桥，位于齐门桥西侧，乃清代建筑。

南马路桥，今桥体刻名作齐福桥。又名朝天桥、朝天河桥，因原在朝天湖口（非朝天河），故名。因附近有安齐王庙等古刹，故名齐庙桥。位于元和塘东汇路北，齐门外大街南端。

据明人张德夫修、皇甫汸等纂的《长洲县志》卷之十二载："齐福桥，正统八年（1443），郡守况钟重建。"

况钟（1383—1442），字伯律，号龙岗，又号如愚。靖安（今属江西）人。宣德五年（1430）出任苏州知府，广受百姓尊敬，被誉为"况青天"，和包拯"包青天"、海瑞"海青天"，并称中国民间的三大青天。著名昆剧《十五贯》，即以歌颂况钟而使其妇孺皆知。著有《况太守集》《况靖安集》等。

从目前的南马路桥桥体结构看，拱券并联砌筑，不分节，带有清以前桥梁的显著特征，与史籍上云明宣德年间改木桥为石桥的记载相吻合。

现桥为花岗石单孔拱桥，青砖桥栏，宽三点九米，长三十四点二五米，跨度十一点五米。望柱内外皆有“东汇仁济局”“同治六年（1867）三月重修”字样。

清末时，元和塘上的南马路桥车马辐辏，附近开有不少店号。除了著名的南马路桥馒头店、恒余昌酱园外，还有吴益生堂药铺支店，为西北街吴益生药铺于光绪十九年分设，并于1937年出盘给荡口药商改名葆生堂，1943年推盘给灵芝堂振记，1945年改为灵芝堂的工场货栈。

当时，南马路桥一带，主要由鱼行、酱园商所居住，外地寄苏者亦不在少数，因此，社会品流复杂，仅《申报》就登载了四起该域内的凶杀案。

如1904年7月，报载：“齐门外南马路桥品泉茶肆主某甲，不知因何与附近某整容店伙某乙结不解之仇。本月二十二日清晨被乙用利刃连戳三下，登时毙命。”最为轰动一时的是1929年10月，“齐门外南马路桥四十八号居户李姓老妪，有一螟蛉女，今年十八岁，赘李克仁为婿，在隔壁四十七号开设来福园小茶馆，由克仁主持，李妪则与姘夫李海波常居苏乡太平桥镇。本月八日，李妪由乡返城，住居四十八号内楼上女房间中，其婿克仁则宿于来福园。至十三日午夜一时许，有该管东区分所巡长经过该处，突闻四十八号楼上有争吵声与惨呼声，乃向来福园敲门，唤同李克仁至四十八号楼上，则见李妪与乃女同卧血泊中。计妪头部中三刀，左臂及腿部各一刀，面部胸前中六七刀，伤势极重已不能言语。其女则伤势尚轻。桌下遗有凶刀一柄。当经巡长向女盘诘，不料李女吞吐其词，初谓凶手系一侦探，继又谓系一枪船上之巡长云云。巡长遂先将李克仁带区，一面将李妪及女车送福音医院求治。唯妪抵医院后，即行毙命。至十四日晨经东区查得有在胥门盐卡巡船上服务之喻雨霖，曾与李妪姘识，遂将传讯，但结果并无要领。嗣向该处附近调查，李妪之婿李克仁，前会因案被水警拘讯，并经李妪驱逐数次，故对妪颇为不满。且李妪害时，来福园与四十八号皆大门紧闭，仅其沿河之后门可通，故李克仁殊有重大嫌疑。东区署遂将李克仁、喻雨霖一并解公安局核办。”《申报》曾对此进行了三次连续报道，可惜因为证据不足，此案最后不了了之。

1938年，汪伪政府成立后，“苏州关”建筑物列为“敌产”，由伪中

央敌产管理委员会接管。1943年10月，伪海关总税务司下令改“苏州关”为“苏州关转口税局”，并任命五级税务官奥田信清（日籍）为苏州关转口税局局长，由奥本人呈文敌产管理委员会商准发还。因觅渡桥处关署各建筑物经过战乱，几乎已全部颓圮，如欲修理，费用颇巨；又鉴于转口税局所征转口税之征收，偏重于火车站及城区一带，原苏州关所在地距城中心有五里之遥，交通极不便利，故而决定舍此旧址，于阊门外钱万里桥租用华中运输苏州支店之房屋为苏州关转口税局局址，同时向日本宪兵队借得受敌产处分之阊门内桃花坞大街圣公会房屋一部及城内养育巷救国里1—4号，为日籍职员临时宿舍。各支所之办公场所，除觅渡桥支所利用经过初步修葺之原苏州关验货房外，其余租赁民房，设立了七处支所，这七处中，除了官渎桥、上津桥、半塘桥、胥门、苏州站、邮局邮包处外，还有一处就在南马路桥。

范君博《吴门坊巷待輶吟》有朝天桥诗，曰：“草色花光景物饶，朝天湖口可停桡。记取记取伊家住，门对红栏齐福桥。”

随着时间的推移，元和塘风光不再，红栏变作青栏，南马路桥附近因新建了东汇路隧桥，此桥也便荒弃，鲜有人行。桥身明柱原有对联“鼍梁载道□锁钥；虹脊重光企圣贤”，如今也已漫漶不能通读矣。

（倪浩文/文、图）

鱼行云集的北马路桥

控保档案：编号为295，北马路桥，位于齐门外大街西侧，乃清代建筑。

北马路桥，一名义成桥。范君博《吴门坊巷待輶吟》有义成桥诗，曰："游春侠少竞联镳，小饮衔杯逸兴饶。指点齐溪好风景，出城先过义成桥。"

今桥体刻名为北马路桥。位于元和塘上，齐门外大街北部，如今在苏站路上也能望见该桥的身影。据载为清康熙年间由督粮道刘鼎重建，从桥身望柱上的题刻来看，东汇仁济局同治六年（1867）三月对该桥又进行了重修，同年，仁济局还重修了南马路桥。目前该桥属并联分节砌筑，由此可见，现存桥体的始建年代要晚于南马路桥。1981年时，该桥又得到了整修加固。现桥为花岗石单孔拱桥，宽三点一三米，长三十点一米，跨度十点二米。千斤石雕有六道轮回纹，长系石雕一把莲，龙门石亦有雕刻。青砖桥栏。部分望柱刻有垂莲，抱鼓石以八卦收刹。

《吴门表隐》中曾记录了一则桥畔孝妇的故事："顾氏生员吴兆泰妻，北马路桥人，年二十七夫亡，孝事舅姑。姑周足疾不行，扶掖数载，抚孤苦节。"

清中期以后，特别是咸丰年间，此处鲜鱼行云集，与葑门橹巷港、阊门方基上鼎足而三。因此，此处腌腊鱼行业也欣欣向荣，目前可考的就有一家叫"生春阳"的南货店，店主名李佩卿。但据业内人说，该店不仅与明代孙春阳南货铺无关，且与观前街洙泗巷口的"生春阳"腌腊火腿店，亦无渊源关系。

除此之外，桥边有记载的店号还有俞长春酱园、聚记麻线号等。

当时附近民房成片，《申报》上记载了两则和此有关的新闻。一是1881年5月，"苏齐门外北马路桥周家巷一带多系贩鱼之户。渔人某甲，家颇小康，今年盖造房屋数椽，焕然一新。本月初十夜，有盗多人，意将破门行劫，幸甲赶紧鸣锣乞救，村邻各持农器齐来擒捕，该盗见势不敌，各自奔窜，不能相顾。两盗倾跌落后，遂为乡人所获，解赴长洲县署。十一日万邑尊亲往踏勘，以该乡人敦守望相助之义，得以当场获盗，面加奖赞，并捐廉赏大钱若干，以示鼓励云"。

另外一件事就没有这么幸运了。1904年12月，"二十六日之夜，省垣齐门外北马路桥左近某杂货铺不戒于火，牛十队践踏喧哗，未移时即延及邻右某某二姓家，焚去房屋十余椽，祝融始兴尽而返"。

此外，清末民初，还有一位叫作曹惠人的名医在此看诊。曹惠人（1901—1941），北桥新民村曹埂上人。其父曹纯卿，晚清举人，中医内外科医生。曹惠人年轻时随父学艺。父亲去世后，去上海名医王镒荪处学中医外科三年，继又去浦东南汇名医郁梅卿处学中医内科三年。民国十年（1921）到石桥镇挂牌开业，悬壶济世。三年后迁往苏州齐门北马路桥行医。因战乱，又迁往无锡荡口镇王石弄行医。因医术高明，病人满堂，慕名求医者东至昆山、太仓，南至吴江平望、同里，西至无锡后宅、梅村，北至杨舍、梅李等地。曹惠人一人忙不过来，便向妻子陈素英授业，又收学徒多人。其外科专治痈疽、疔疮、瘤疽等疾。曹惠人

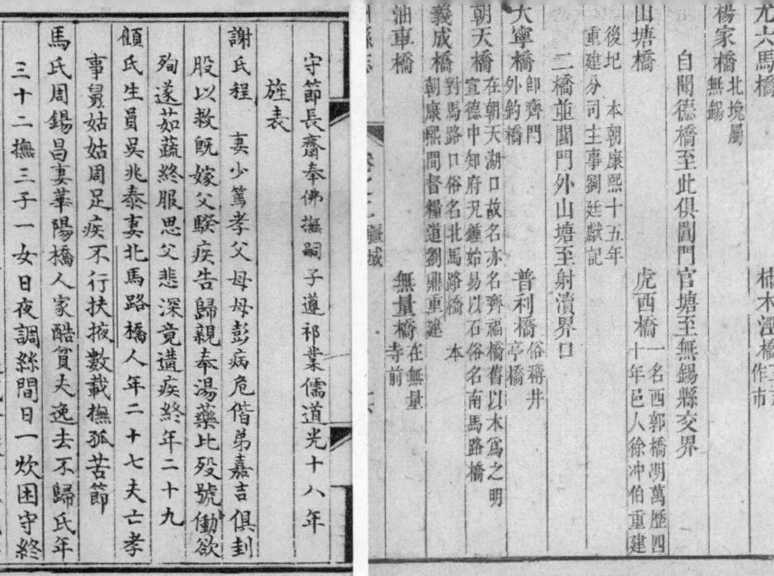

守節長齋奉佛撫嗣子道祁業儒道光十八年
旌表
謝氏程 妻少篤孝父母母彭病危偕弟嘉吉俱刲股以救既嫁父騤疾告歸親奉湯藥比歿號慟欲殉遂茹蔬終服思父悲深竟遺疾終年二十九
顧氏生員吳兆泰妻北馬路橋人年二十七夫亡孝事舅姑姑周足疾不行扶掖數載撫孤苦節
馬氏周錫昌妻華陽橋人家酷貧夫逸去不歸氏年三十二撫三子一女日夜調絲間日一炊困守終
胡氏生員陸洲妻嘉慶丁卯洲赴試金陵病卒氏年

九六馬橋 柿木涇橋王志作市
楊家橋北境屬無錫
自閶德橋至此俱閶門官塘至無錫縣交界
山塘橋 虎丘橋一名西郭橋明萬歷四十年邑人徐沖伯重建
後圮 本朝康熙十五年重建分司主事劉廷獻記
二橋並閶門外山塘至射瀆界口
大寧橋即齊門外釣橋 普利橋俗稱井亭橋
朝天橋在朝天湖口故名亦名齊福橋舊以木為之明宣德中知府況鍾始易以石俗名南馬路橋
義成橋對馬路口俗名北馬路橋 本朝康熙間督糧道劉鼎重建
油車橋 無量橋在無量寺前

巷陌依然景物非游車冷落夢痕稀 清河張姓嬋嫣盛後裔於今漸式微
朝天橋
草色花光景物饒朝天湖口可停橈記取記取伊家住門對紅欄齊福橋
在朝天湖口故名亦名齊福橋俗名南馬路橋明況鍾始以石為之
義成橋
游春俠少趁聯鑣小飲銜杯逸興饒指點齊溪好風景出城先過義成橋
對馬路口俗名北馬路橋清康熙間督糧道劉鼎
三二

七縣之廩保考里已陸續到省嗣奉 國制之信改於本月廿四日考試正場仍由杭府行
嘉節遇雨 ○杭俗最重立夏節是日各項手藝及各店夥皆給假一天俾各游息期雲集其熱鬧當十倍往年乃不期天不作美是日傍晚即已大雨傾盆滂溜如瀉自辰至二三寸許非赤足不能行午後雨勢稍殺不及半點鐘又復傾河倒海至晚不息雖有雨具未晚而先閉戶者其冷落可想見矣
縣張案畫供續聞 ○縣張控案於初十日由藩臬兩憲督同原審委員親提人證較[illegible]出[illegible]之言致遭掌嘴二百猶是嘵嘵妄辨復令跪大鐵鍊並加桯棍比經[illegible]詳[illegible]兒[illegible]是日審訊於未刻坐堂至酉刻退堂臬署左右觀者十分擁擠差役驅逐不後方散蓋以案情不常一時哄動也
錢舖被竊 ○蘇閶外吊橋東境某姓錢舖東夥均鎮江人該處據城市要口生意闊綽[illegible]左右店舖知有變故特喚該處地保撬門入視則寂無一人所有錢洋帳目及各現由地保看守店門各債戶見此情形皆嗒然喪氣并兌出錢籌不少亦無着落店舖如此
鄉人獲盜 ○蘇齊門外北馬路橋周家巷一帶多係販魚之戶漁人某甲家頗小多人意將破門行刼幸甲趕緊鳴鑼乞救村鄰各持農器齊來擒捕該盜見勢不敵各自奔洲[illegible]十一日萬色[illegible]親往踏勘以該鄉人敦守望相助之義得以當場獲盜而加獎賞並
漢江水長 ○楚北自月初以來雨多晴少江水已陡長丈餘初八九日復雷電交窒礙矣
覆舟殞命 ○漢皋龍王廟碼頭停泊渡船爲第一衝繁之處平時帆檣櫛比除官

医术高超，当地民众称他为“一趟头医生”，意即一次治疗即可痊愈。他善集各医家之精华，整理出医案三十余本，惜于“文化大革命”中被毁。他对病人，不论职位高低、家境贫富，一视同仁。他连续行医二十余年，积劳成疾，又因社会动荡不安，精神恍惚而过早去世。终年仅四十岁。

（倪浩文/文、图）

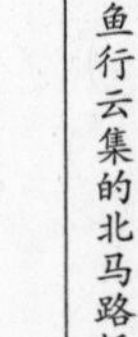

花木桥村大柏桥

控保档案： 编号为315，大柏桥，位于震泽镇花木桥村大龙浜，于1919年重建。

位于吴江区震泽花木桥村。三孔梁式花岗石古桥。重建于1919年仲冬。桥心刻有轮回纹，中孔两侧排柱刻有桥联，东向为“水映一泓，叠石成桥多利赖；波平两岸，荷锄带月便归来”，西向为“水涸遍成梁，急待鸠工占利泽；天寒伤病涉，安排雁齿乐群黎”。

石桥体量较大，对联完整清晰，整体风貌颇佳，特别是西向对联，字色尚存。

（倪浩文/文、图）

太湖营军用码头

控保档案：编号为268，太湖营军用码头，位于金庭镇堂里村，乃清代建筑。

堂里古码头，古称琴山石堤，位于堂里古村北侧堂里港口西北的太湖之滨，清乾隆三十八年（1773），由堂里徐氏家族集资白银一千六百余两兴建。清代后期因剿匪、抵御太平军，曾被西山驻军机构太湖营，用作驻军专用码头，故该码头又被称为太湖营军用码头。2005年由苏州市政府公布为苏州市控制保护建筑。码头东西走向，略呈弧形，长八十米、宽三点五米、高五米，表面由一百五十块长三点五米、宽零点六米、厚零点三米的花岗岩条石铺筑，颇具气势，目前仍有当地渔民在码头上晒网劳作。码头上有两只建于20世纪80年代的航运灯塔，现已废弃。因年久失修，风浪冲刷，码头西北侧一段基础石块缺失，码头整体向北严重倾斜，随时可能倒塌，安全隐患较大，急需抢修。

码头西侧原有小丘，广约十多亩，古代称为琴山，俗称浮头山，下部裸露的岩石因长年被湖水冲刷形成许多孔洞，波浪湖水进出，回声似阵阵悦耳的琴声，因此得名为琴山，边上的码头也得名为琴山石堤。小丘在20世纪被围垦推平，现已成为果园和茶园。据清乾隆间大学士董诰

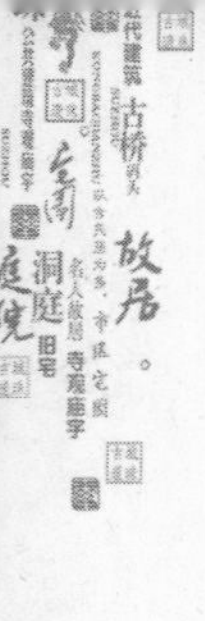

撰写的《琴山石堤记》一文记载，在码头边当时还建有小型的湖神庙，里面供奉太湖各路水神。20世纪的“文革”中小庙被毁，改建泵房一间，每逢神道节日，仍有不少附近村民在旁边烧香祭祀。

堂里古码头处在西山岛的西北侧，码头外湖面十分开阔，周边还有大片的稻田，湖光山色、田园风光、渔家风情、访古探幽，有丰富的旅游资源。正在建设的环岛公路从古码头南边的稻田穿过，对古码头的保护和利用，条件日趋成熟。适时启动堂里古码头保护利用项目，对古码头进行修复以恢复历史原貌，对周边进行综合整治以美化环境，对周边稻田进行统一耕作以恢复田园风光，重建湖神庙、重刻记事碑以彰显历史文脉，修建停车场、服务站等配套设施以方便游客，将这里建成环岛公路旅游带上的一颗明珠，一定能实现经济效益和社会效益的双丰收。

（邹永明/文　倪浩文/图）

中市路河崇真宫桥

控保档案：编号为293，崇真宫桥，位于中市路河中段，乃清代建筑。

崇真宫桥位于阊门内下塘街的宫弄，因崇真宫得名。崇真宫桥架于中市河上，面对东中市，背靠崇真宫。史载崇真宫建于北宋政和元年（1111），建筑雄伟，现已废，翻建成楼房。崇真宫桥南首有两眼古井"真泽泉"，可惜古井圈已失，现为水泥井圈。

苏州寺庙林立，好多桥名不但与寺院、道观有关，而且无论在城镇或乡村，随处可见桥对庙、庙对桥的建筑格局。例如崇真宫桥就是一例。

据《吴郡志》载："崇真宫，在承天寺西，宋政和八年，道士项举之开山。初，郡人黄悟微舍宅创建，赐额'崇真圣寿宫'"；《平江图》

中名宫桥；明王鏊《姑苏志》载："崇真宫前青石扶栏，雕刻工巧，细如丝发，为吴中桥栏之最者"；《百城烟水》载："宋政和八年（1118），里人黄悟微舍宅建，道士项举之开山。赐额崇真圣寿宫。宣和中改神霄宫。建炎中再改崇真广福宫。"清乾隆《吴县志》载："（崇真宫桥）后圮，重建尽失旧制。"

相传在清乾隆年间，叶凤梧为崇真宫住持，因桥南堍官路皆被侵占盖屋，湫隘堵塞，不便行走，遂矢志重建。经劝导，侵占桥址者自愿清除房屋，让出原址。叶乃出资建桥，二月开工，当年闰四月十四日落成，往观者摩肩接踵。近午时，桥上众人蜂拥而至，桥面西侧一石断裂，巨声震耳，幸亏石虽断而无一人伤亡。

清嘉庆二十四年（1819）桥又重建。民国年间，崇真宫曾为救火会驻地。

1982年，古桥曾重修。桥宽三点五米，长十五米，跨度四点八米。石板桥面，石柱桥台，两侧石柱上有四个系缆孔。

（郑凤鸣/文　倪浩文/图）

木渎南街吉利桥

控保档案：编号为305，木渎吉利桥，位于木渎镇南街，乃清代建筑。

苏州吴中区木渎古镇，是江南著名的园林古镇，也是中国历史文化名镇。在太湖风景名胜区的十三个景区中，木渎景区榜上有名。镇上有一条南北向的狭窄老街，名“南街”。老街西面临河，构成典型的水巷格局，演绎出“小桥流水人家”的传统风貌。南街地理环境幽雅，人文积淀丰厚。其北端，就是冯桂芬榜眼府第的后花园。木渎昔日十景之一的“姜潭渔火”，也在附近。老街狭窄的石板路面，用附近就地取材的金山石（花岗石）铺砌。逼仄的老街两侧，高低错落，或两层，或单层，排列着一座座粉墙黛瓦的老宅。斑驳的墙面上苔藓斑驳，爬山虎覆盖。走进南街，犹如走进一条穿越历史的时光隧道。

南街是一条名副其实的“水巷桥街”。临河一侧从北至南，犹如彩虹降临，四座姿态各异的小桥横卧于碧波。她们分别是：西安桥，小

日晖桥、廊桥和吉利桥。西安桥和小日晖桥为近年重建。前者系石拱桥，与百步之遥的东安桥相映成趣。后者是一座石板平桥。往南步行不远，是一座独特的廊桥。该桥的桥脚、桥面、桥栏和桥柱均为木构。桥顶上犹如屋檐一样，覆盖黛瓦。远观犹如一条水上走廊，故名“廊桥”。遮风避日挡雨，夏夜在此纳凉，廊桥留下几多瑰丽的“遗梦”。

廊桥南面，有一座隐藏在老宅间、很难被人发现的小桥，名“吉利桥”。其具体位置是：在南街40号旁边，有一条狭窄的东西向短弄，俗称“一人弄”。它宽不满一米，长不过三米。两侧陡直的山墙上，苔藓处处，墙粉斑驳，残砖裸露。阴暗潮湿，浸淫着岁月的沧桑。弄的尽头，就隐藏着一座横卧于南街河的吉利桥。该桥始建于清代，具体年代已无法考证。桥为花岗石平桥。因为桥的东西两岸高低不平，导致两侧台阶级数不同。东岸仅三级，西岸多达十一级。台阶两侧，以斜置侧石镶边。如此，既可以固定台阶，又起了装饰作用，显得古朴典雅。

桥面以十块花岗岩条石铺砌，相当紧凑。桥面正中别具一格，镌刻传统的“拟日纹”图案。这种桥饰，与苏州网师园内引静桥的图饰相似。著名园林学家曹林娣在《图说苏州园林——塑雕》中，对该图案有精辟考证：这种变形涡状拟日纹桥饰，是“战国时期常见的纹样：以内圈为中心，向内或向外伸展八至九个涡纹。内圈中向内伸展三至四个涡纹。实为内外燃烧的火球，即青铜器拟日纹的变形，近似葵花，亦称葵纹”。桥面两侧，设置低矮的石栏。这种因地制宜、用整块石头雕凿的长条形石栏，坚固稳重，可供游客坐憩赏景，称为“栏杆石”，俗称“坐凳栏杆”。

吉利桥是临河赏景的一个佳处。站在桥面上，但见水中仍有游鱼，两岸绿树成荫，夏蝉在枝叶间欢歌。爬山虎缠绕的粉墙上，木格花窗隐现。残存的河埠，条石向河面延伸。以前，枕河居民每天早晨会集于此，淘米洗菜，闲聊家常。那块搁置在河边的洗衣石板上，似乎又传来洗衣时“滴滴笃笃”的棒槌声。

关于吉利桥的长短尺寸，未见有关资料记载。笔者用随身携带的钢卷尺实地测量后，得到两个基本数据：桥面（不包括两侧台阶）长四点一米，宽一点四三米。其他数据（如桥的高度）限于客观条件，未能测量。

吉利桥的南面，南街河的一条东西向支流上，横跨南街，原来还有一座石板平桥，名“太平桥”。该桥造型典雅，桥墩雄浑古朴。可惜，现在因支流填埋，桥已不存。但是，过去南街附近居民“走二桥”（太平桥、吉利桥）的习俗，仍值得一提。每逢婚嫁喜庆，在欢快的鼓乐和鞭炮声中，新娘新郎从花轿上下来，喜气洋洋在二桥间穿行。口中还念念有词：“太平桥，太太平平不生病；吉利桥，吉利长寿过一世。”沿街居民纷纷出门观看，上前道喜祝贺。调皮的小孩，拦在桥上伸手讨喜糖。老人逢六十六岁生日，午餐吃过“六十六块肉”后，也要去“走二桥”。每座桥，都要来回走六十六步。这些讨口彩的习俗，反映了人们对幸福美满生活的祈盼。如今，尽管太平桥已不存，但利用吉利桥和廊桥，仍然可以恢复“走二桥”的传统习俗，使之成为发展旅游，吸引游客的一个人文景点。这笔非物质文化遗产，值得引起有关方面的高度重视。

（何大明/文　倪浩文/图）

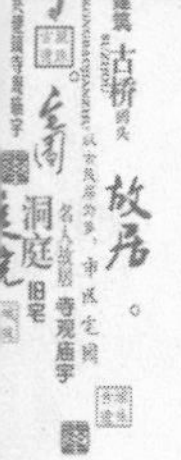

三位一体吉水桥

控保档案：编号为297，吉水桥，位于盘门外盘溪北端，于清末重修。

风光旖旎的盘门风景名胜区，闻名遐迩，自然景观和人文景观交相辉映。我国古建泰斗罗哲文参观后，由衷发出“北看长城，南看盘门”之赞誉。与众不同的是，景区内有不少古色古香的桥梁。除了被列入江苏省文物保护单位的吴门桥（盘门三景之一），还有水关桥、蟠龙桥、裕棠桥（老）、裕棠桥（新）、兴龙桥、吉水桥等。从吴门桥南堍下来，右手拐弯，沿着吉水桥东街向西前行，但见盘溪上设置一座古朴的石桥。这座不为游人瞩目的古桥，就是知者不多的吉水桥。

吉水桥原名“急水桥”。因为在古代，这里河道狭窄水流湍急，故得此桥名。船只经过时，若不仔细观察水情小心操作，就会被汹涌的漩涡倾覆。遇到狂风暴雨等恶劣天气，船沉人亡的悲剧更时有发生。为此，船夫每每航行于此，口中总要念念有词虔诚祷告，祈求水神保佑。

为了讨一个吉利口彩，里人将桥名改成“吉水桥”。该桥的形制，为传统的单孔石拱桥，全长十八点九米，宽六点三米。拱券（弧形石条），以分节纵联并列式砌筑。桥栏为条石矮栏，间隔设置望柱，可供游人坐憩赏景。桥的东西两侧设置步行台阶。因地（地势）制宜，东坡十三级，西坡十七级。

吉水桥的材质，与众不同，别具一格，为花岗石、青石和武康石混用。桥面和桥栏主要为花岗石，拱券为青石，下部水盘石为武康石。如此“三位一体”混搭，看上去似乎违反建桥取材常理，其实并非哗众取宠，而是真实地反映了桥的历代重修经过。吉水桥的始建年代，目前尚无可靠确凿的资料佐证。苏州古代的桥梁，有“唐木（桥）宋石（桥）”之说：即唐代多为木桥，宋代多为石桥。早在宋元之际，石桥往往就地取材采用青石。有的采用产自浙江省德清的武康石。明代中叶以后，苏州西郊木渎金山浜一带的花岗石（俗称金山石），就开始大量开采。花岗石质地坚硬，色彩素雅，加上就地取材运输方便，很快就成为苏州地区建筑物的主要建材。苏州的各类古桥，也多用花岗石砌筑了。从吉水桥花岗石、青石和武康石混用的情况可以推算，该桥的始建年代不会迟于宋代。明清时期重修此桥时，又增添了部分花岗石。因此，吉水桥成为集三种石料于一体的“集锦桥”。

如今，造型优美、线条柔和的吉水桥，历经岁月沧桑仍保存完好。桥石缝中苔藓和老干，郁郁葱葱，更显岁月沧桑的古朴风貌。划归盘门景区后，吉水桥更加婀娜多姿，焕发出迷人的魅力。游人经过于此，往往驻足，用相机摄下永远的纪念。

（何大明/文　倪浩文/图）

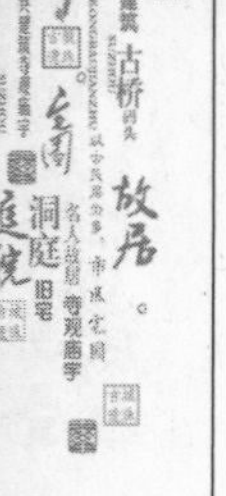

名称多变兴龙桥

控保档案：编号为296，兴龙桥，位于盘门外大龙港（河）西北口，乃清代建筑。

独领风骚的盘门景区，有不少古色古香的桥梁。除了闻名遐迩的吴门桥（盘门三景之一），还有水关桥、蟠龙桥、裕棠桥（老）、裕棠桥（新）、兴龙桥、吉水桥等。站在老裕棠桥西面，或者从吴门桥东望，在外城河与大龙港交融处，隐藏着一座典雅秀丽的石拱桥。这座不为世人瞩目的古桥，就是著名的兴龙桥。

兴龙桥环境幽雅，为进出盘门的要津。其历史悠久，名称多变。北宋时期，大龙港上设有一道土堰。堰，较低的挡水构筑物，作用是提高上游水位，便于灌溉和航运。为了方便大龙港两岸的交通，这里架起了一座木构曲桥，称为“堰桥”。从宋代《平江图》碑刻上，可以一睹其倩姿芳容。桥的东北埯，建有一座“高丽亭”。亭为地方官员饯行高丽

国（古朝鲜）使者而设。东北堍西侧建有跨外城河的虹桥（京桥）。两桥组合，便于东西向和南北向行人来往。

清代，桥畔形成一个农副产品交易的集市。每天早晨，各类蔬菜、瓜果、鱼腥摊贩在此设摊叫卖，热闹非常。为了讨一个生意兴隆的口彩，堰桥改名为兴隆桥。当时婴儿满月、闺女出嫁，皆绕道上此桥以求吉利。丧葬事毕，归途也绕道此桥讨吉利。后来，桥名改为谐音的“兴龙桥”。清代道光二十六年（1846），因为木桥年久失修，地方乡贤集资重新建桥。桥的形制，改为坚固耐用的花岗岩石拱桥，两坡设置方便行走的石级。民国十八年（1929），附近的裕棠桥改建，行人和车辆绕兴龙桥经过。为了方便车辆上下，踏步台阶改为弹石斜坡。

现在的兴龙桥古貌依旧。桥全长十七点五米，中宽三点一五米，跨度六米。拱券（弧形石条），以分节纵联并列式砌筑。桥栏为条石型宽矮栏，可供行人坐下休息赏景。桥面中心镌刻“轮回”图纹，外围配置六个如意图案。桥洞上方刻有“兴龙桥”阳文楷书。桥洞两侧分别镌刻“苏郡积功善堂劝捐重建”“道光二十六年”字样。桥堍下的铺地，以卵石为材质，圆圈内镶嵌“五蝠”图案。“五蝠”谐音“五福”，是一种传统讨口彩的吉利图案。

（何大明/文　倪浩文/图）

—附录—

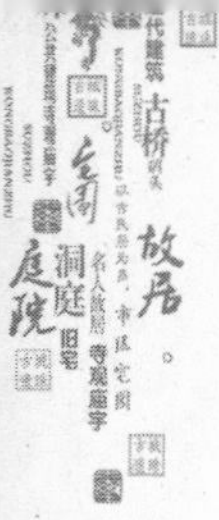

《古城遗珠》控保建筑索引

编号	标牌号	名　称	入选卷数	年代	地　址
058	067	潘遵祁故居	2	清	白塔西路13、15号、西花桥巷3号
272		白塔西路邱宅		清、民国	白塔西路45号
021	025	洪宅	3	清、民国	白塔西路70、72、74号
020	024	吴廷琛故居	1	清	白塔西路80号
022	026	温宅	3	清	白塔西路100号
055	063	杭宅	3	清	白塔西路115、117、119、121、123、125号
220	244	胥江水厂旧址	1	现代	百花洲67号
125	140	曹沧洲祠	1	民国	瓣莲巷4号
041	048	诵芬堂雷宅	2	清	包衙前20、22号
180	201	李仲公故居		民国	宝城桥弄22号
177	198	顾家花园		民国	北浩弄61号
208	232	开明大戏院	1	民国	北局
277		仓街116号花厅	3	清	仓街116号
276		结草庵桥		清	沧浪亭街48号
012	016	邓宅	1	清	仓桥浜33、34号
074	083	郑宅		清	曹胡徐巷3、5号、东花桥巷18号
080	089	周宅		清	曹胡徐巷17—23号
079	088	朱宅		清	曹胡徐巷51号
075	084	宋宅	2	清	曹胡徐巷76号
046	053	王宅		民国	曹家巷28号（新乐里）
185	207	崇安里曹宅	2	民国	阊门内下塘街
019	023	陆润庠故居	1	清	阊门内下塘街9、10号
016	020	福济观	1	清	阊门内下塘街132号
017	021	永丰仓船埠	2	明	阊门内下塘街崇真宫桥西
175	196	安徽会馆	2	民国	阊门外辛庄
015	019	余宅花园		清、民国	阊门西街38号
014	018	曹沧洲故居	2	清	阊门西街59、61号
132	148	报国寺	1	民国	穿心街3号

续表

编号	标牌号	名　称	入选卷数	年代	地　址
	035	◇太原王氏义庄		清	传芳巷2号
146	164	太原王氏家祠		清	醋库巷38号
275		顾麟士旧居		清	醋库巷40号
115	128	董氏义庄		清	大郎桥巷61、63、65号
084	093	清慎堂王宅		清	大柳枝巷9号
085	095	徐宅		清	大柳枝巷13号、丁香巷28号后门
	094	◇邓氏宗祠		清	大柳枝巷18号
073	082	昭庆寺	2	清	大儒巷38号
192	214	某宅		民国	大马堂7号
070	079	端善堂潘宅	1	清	大儒巷44、45、46、48、49、51、52号、南石子街12-3号后门
071	080	丁宅	2	清	大儒巷6号
068	077	德邻堂吴宅	2	清	大儒巷8号
131	147	秦宅	2	清	大石头巷22、24号
088	099	郭绍虞故居	1	清	大新桥巷12、13、20号
087	097	庞宅	1	清	大新桥巷21号
086	096	笃佑堂袁宅	3	清	大新桥巷28号
	139	◇按察使署旧址	1	清	道前街170号
129	145	沈瓞民故居	1	民国	德寿坊3号
190	212	严家淦旧宅	3	民国	德馨里6号
011	015	敬彝堂严宅		清	东北街116号
010	014	灵迹司庙	3	清	东北街128号
	013	◇许乃钊故居	1	清	东北街138、139、140、142号
183	205	方宅		民国	东北街198号
	009	◇亲仁堂张宅	1	清	东北街210号（移建潘儒巷）
	012	张氏义庄	1	清	东北街222、224、226、228号、迎春里（移建潘儒巷）
155	173	驸马府庙	1	清	东大街396号
076	085	怀德堂凌宅		清	东花桥巷10号、姑打鼓巷4号
078	087	潘宅		清	东花桥巷11号
077	086	杭氏义庄	3	清	东花桥巷41号
179	200	外安齐王庙	3	清	东汇路68号
274		晦园花厅	3	清	东美巷17号(市立医院本部内)
031	036	华宅	2	清	东麒麟巷17号
246	277	椿桂堂	2	明、清	东山镇大圆村
243	272	岱松村裕德堂	3	清	东山镇岱松村
229	255	尚庆堂	3	明、清	东山镇典当弄7号

续表

编号	标牌号	名　称	入选卷数	年代	地　址
232	260	瑞凝堂	3	清	东山镇东新街殿后弄
238	266	光明村严宅	3	清	东山镇光明村
	274	◇秋官第		明	东山镇光明村
241	269	湖湾村某宅	3	清	东山镇湖湾村二号桥
240	268	景德堂	3	清	东山镇建新村
225	251	谦和堂		清	东山镇陆巷村嵩下
308		粹和堂叶宅	3	清	东山镇陆巷村文宁巷北
236	264	马家弄某宅	3	民国	东山镇马家弄39号
247	279	敦朴堂	3	清道光	东山镇潘家巷7号
	271	◇文德堂	2	清	东山镇人民街46号
244	273	锦星堂	3	清道光	东山镇上湾村
	276	◇久大堂		清	东山镇上湾张巷129号
248	280	三祝堂	3	明	东山镇嵩下
249	281	嵩下裕德堂		明	东山镇嵩下
250	282	鸣和堂	3	明	东山镇嵩下
227	253	同德堂		清	东山镇太平村
228	254	务本堂		清	东山镇太平村
	256	◇尊德堂	2	清	东山镇太平村
230	257	太平村乐志堂	2	清	东山镇太平村
	259	◇修德堂		清	东山镇太平村
237	265	果香堂	3	清	东山镇太平村
231	258	延庆堂	2	清	东山镇通德里19号
233	261	容春堂	2	清	东山镇翁巷
245	275	响水涧	2	明、清	东山镇西街
226	252	麟庆堂	3	明	东山镇新丰村
234	262	沈宅	2	民国	东山镇新乐村
239	267	信恒堂	3	清末民初	东山镇新义村
251	283	崇本堂	2	清	东山镇杨湾村
	278	◇承德堂		清光绪	东山镇永安村
235	263	紫兰巷某宅		清末民初	东山镇紫兰巷
153	171	吴宅花园	1	民国	东小桥弄3号
124	138	清微道院	1	清	东支家巷15号
	194	◇叶天士故居	1	清	渡僧桥下塘46、48、50、52、54号
204	228	尤宅	3	民国	梵门桥弄42号
052	059	五路财神殿戏楼	3	清	范庄前5号
136	152	吴大澂故居	1	清	凤凰街101号、沈衙弄1、4号

续表

编号	标牌号	名　称	入选卷数	年代	地　址
126	141	吴宅	2	清	富郎中巷20、22、24号、太平桥弄9号
107	120	慕园	1	清	富仁坊巷72号
112	125	陈宅		明、清	干将路216、218号
114	127	孝友堂张宅		清	干将路622号
106	119	言子祠	2	清	干将路908号
095	107	裘业公所	2	清	高井头2号、梵门桥弄42号
196	218	泰仁里		清	高师巷
044	051	许宅	2	清	高师巷2、4号
045	052	张宅	3	清	高师巷22、24号
182	203	汪宅	1	民国	高长桥9号
135	151	元和县署旧址	2	清	公园路16号
288		公园路25号近代建筑		民国	公园路25号
216	240	苏州市图书馆旧址	2	民国	公园路2号
215	239	民德亭	2	民国	公园路苏州公园内
278		古吴路朱宅		清	古吴路14号
201	225	苏肇冰故居	3	民国	顾家花园13号
108	121	宝积寺	3	清	观成巷（移建自塔倪巷）
062	071	玄妙观方丈殿	3	清	观成巷16、17号
007	008	关帝庙	3	清	关帝庙弄4号
	221	◇承德里	1	民国	观前街西部
	154	◇袁学澜故居	1	清	官太尉桥15、17号
013	017	元宁公所	2	清	官宰弄9号
283		更生医院旧址	3	1919年	广济路286号
147	165	顾宅	2	清	滚绣坊26-1号
148	166	吴氏继志义庄		清	滚绣坊41号
	176	◇蒋纬国故居		民国	滚绣坊南园饭店内
100	112	海宏寺		清	海红坊4号
089	100	蒋氏义庄	1	清	胡厢使巷34、35号
090	101	唐纳故居	1	清	胡厢使巷40号
270	310	方宅		民国	浒关镇北津弄24号
091	102	杨宅	2	清	混堂巷8号
121	135	田宅		清	建新巷1、3号
209	233	吴宅	2	民国	建新巷29号
024	028	蒋侯庙	1	清	蒋庙前19、21、22号

续表

编号	标牌号	名　称	入选卷数	年代	地　址
025	029	潘奕藻故居	1	清	蒋庙前2、4、6、8、10号
144	162	秦宅		清	金狮巷14号
143	161	李宅		清	金狮巷16、18号
142	160	陈宅	1	清	金狮巷26、27、28号
176	197	刘家花园	3	民国	金石街33号
	114	◇吴云故居	1	清	金太史场4号
	300	◇徐家祠堂		清	金庭镇东村
262	301	学圃堂	3	清	金庭镇东村
263	302	绍衣堂	3	清	金庭镇东村
264	303	敦和堂	3	清	金庭镇东村
	304	◇萃秀堂		清	金庭镇东村
265	305	孝友堂		清	金庭镇东村
266	306	源茂堂	3	清	金庭镇东村
267	307	凝翠堂	3	清	金庭镇东村
	287	◇黄氏宗祠		清	金庭镇明月湾村
254	289	瞻乐堂	3	清	金庭镇明月湾村
255	290	秦家祠堂	2	清	金庭镇明月湾村
256	291	礼和堂	2	清	金庭镇明月湾村
257	292	礼畊堂	2	清	金庭镇明月湾村
258	293	明月湾凝德堂	3	清	金庭镇明月湾村
259	294	汉三房	3	清	金庭镇明月湾村
	295	◇明月寺	2	1925年	金庭镇明月湾村
	296	◇揄耕堂		清	金庭镇明月湾村
	297	◇瞻瑞堂		清	金庭镇明月湾村
260	298	仁德堂		清	金庭镇明月湾村
261	299	姜宅		清	金庭镇明月湾村
269	309	明月湾古码头	2	清	金庭镇明月湾村口
	284	◇仁本堂		清	金庭镇堂里村
	285	◇沁远堂		清	金庭镇堂里村
252	286	容德堂	3	清	金庭镇堂里村
253	288	遂志堂	3	清	金庭镇堂里村
268	308	太湖营军用码头	3	清	金庭镇堂里村
212	236	某宅		民国	锦帆路3号
097	109	某宅鸳鸯厅	3	清	景德路221号
202	226	朱宅	3	民国	景德桥东南堍
203	227	苏民楼	3	民国	景德桥堍

续表

编号	标牌号	名　称	入选卷数	年代	地　址
184	206	明远堂赵宅及会所		民国	久福里
	177	◇圆通寺	1	清	阔家头巷6、8号
224	248	苏州电器公司旧址	2	民国	劳动路苏源电力建设工程公司内
319		树萱堂柳宅	3	民国	黎里镇北库库源街476号
318		建新街陶宅		民国	黎里镇建新街32号、33号
317		万云台茶馆		清	黎里镇平楼街19号、20号
004	004	张宅		清	廖家巷12、13、15号
032	037	谦益堂潘宅	2	清	刘家浜24、26、28号
034	039	申宅	2	清	刘家浜38号
033	038	尤先甲故居	2	清	刘家浜39、41、43号
063	072	天宫寺	2	明、清	菉葭巷10、11号、天宫寺弄1、3号
064	073	陈宅		明、清	菉葭巷49、50号
302		沈柏寒新宅		民国	角直镇南市上塘街1号
301		王蒂民宅	3	民国	角直镇南市上塘街1号（沈柏寒新宅南）
303		殷氏祠堂		清	角直镇南市下塘街62号
	062	◇詹宅	1	清	闾邱坊巷4、6号
054	061	程宅		清、民国	闾邱坊巷46、50号
048	055	周宅		清	马大箓巷9、11号
049	056	顾宅		清	马大箓巷26号、高师巷23号
047	054	季宅	3	清	马大箓巷37号
105	118	庞氏居思义庄	2	清	马医科27、29号
102	115	潘奕隽故居		清	马医科36、38、40号
128	144	范氏宅园		清	庙堂巷10号
127	143	忠仁祠	1	清	庙堂巷16号
	250	◇苏州关税务司署旧址		民国	灭渡桥外
305		木渎吉利桥	3	清	木渎镇南街
304		冯秋农宅	3	明	木渎镇南街43号
307		徐里楼	3	1927年	木渎镇西街64号
306		木渎天主教堂	3	民国	木渎镇小窑弄10号
098	110	毛宅		清	慕家花园28号
081	090	徐氏春晖义庄		清	南石子街10-1号
082	091	潘祖荫故居	1	清	南石子街5、6、7、8、10号、迎晓里12号

续表

编号	标牌号	名　称	入选卷数	年代	地　址
083	092	韩宅		清	南显子巷5、6、7、8号
130	146	承澹安故居	2	民国	牛车弄6号
117	131	真觉庵		清	钮家巷27号、东升里16、17、18号
	130	◇方宅	1	清	钮家巷31、32、33号
113	126	王宅	2	清	钮家巷5、6号、新一里
120	134	陈宅		清	钮家巷8号
028	032	吴钟骏故居	1	清	潘儒巷79、81号
296		兴龙桥	3	清	盘门外大龙港（河）西北口
297		吉水桥	3	清重修	盘门外盘溪北端
023	027	徐宅	3	清	皮市街257号
027	031	程宅		民国	皮市街304号
009	011	佛慧庵		清	平家巷13、14、15、16、17号
	104	◇汪氏诵芬义庄		清	平江路254号
311		兴仁堂李宅	3	清	平望镇庙头村13组
312		平望司前街徐宅		清	平望镇司前街24号、26号
008	010	思绩堂潘宅	1	清	齐门路77—84号
294		南马路桥	3	清末	齐门桥西侧
295		北马路桥	3	清末	齐门外大街西侧
061	070	梓义公所	1	清	清洲观前34号
134	150	马宅		清	人民路152号
001	001	钱大钧故居	1	民国	人民路680号
285		苏州中学科学楼		1936年	人民路苏州中学内
	204	◇墨园	1	民国	人民路五二六厂内
	249	◇苏纶纱厂旧址		民国	人民桥南
	047	◇沈宅		清	三茅观巷26号、宋仙洲巷横街4、6号
160	180	汀州会馆	1	清	山塘街192号
171	191	岭南会馆头门	2	清	山塘街136号
162	182	许宅	1	清	山塘街250号
168	188	某宅		清	山塘街252号
173	193	天和药铺	2	清	山塘街374号
169	189	某宅		清	山塘街454号
163	183	汪氏义庄	2	清	山塘街480号
165	185	郁家祠堂		民国	山塘街502号
172	192	山东会馆门墙	2	清	山塘街552号
166	186	观音阁	2	民国	山塘街578号
164	184	陶贞孝祠	3	清	山塘街696、701—707号

续表

编号	标牌号	名　称	入选卷数	年代	地　址
170	190	敕建报恩禅寺	3	清	山塘街728号
161	181	鲍传德庄祠	1	民国	山塘街787号
273		张国维祠	3	清	山塘街800号半
167	187	李氏祇遹义庄	3	清	山塘街815号
099	111	顾家花园	2	清	申庄前4号
137	153	张家瑞故居	1	近代	沈衙弄（槐树巷）机关幼儿园南部
291		沈衙弄近代建筑	3	民国	沈衙弄4–1号
	142	◇陶氏宅园	1	民国	盛家浜8号
151	169	朱宅	1	清	盛家带29号
150	168	苏宅	1	清	盛家带31号
149	167	顾宅	1	清	盛家带33号
309		北分金弄李宅	3	清	盛泽镇北分金弄19号
030	034	德裕堂张宅		明	狮林寺巷72、75号
029	033	丰备义仓旧址	1	清	石家角4号
159	179	彭定球故居	1	清	十全街67号
156	174	怀厚堂王宅	2	清	十全街265号、怀厚里
157	175	慎思堂王宅		清	十全街275号
193	215	松茂里周宅		民国	石塔头2号、石塔横街47、48号
194	216	苏州孩子图书馆旧址	2	民国	石塔头4号
281		桃坞小学旧址	3	清、民国	石幢弄34号
287		十梓街343号近代建筑		民国	十梓街343号
139	156	顾宅	1	清	十梓街56、58号
214	238	某宅		民国	十梓街608号
	157	◇圣约翰堂	1	近代	十梓街8号
199	222	单宅		民国	史家巷41号
060	069	吴氏垂裕义庄		清	史家巷46号、48–1号
141	159	邓邦述故居	2	清	侍其巷38号
221	245	某宅	3	民国	寿宁弄2号
051	058	吴大澂祖居		清	双林巷18、20、22、24、26号
218	242	舒伟园故居		民国	司前街128号
145	163	吴宅	3	明、清	泗井巷32号、十梓街259号
280		泗井巷林宅	3	清	泗井巷34号
310		新盛街李宅	3	清	松陵镇新盛街29号
040	046	张宅	1	清	宋仙洲巷15号

续表

编号	标牌号	名　称	入选卷数	年代	地　址
300		荻溪仓旧址		1960—1980年代	太平街道
298		皇亭御碑	3	清	泰让桥东南（原皇亭街）
005	005	吴宅	1	清	桃花坞大街120号
002	002	费仲琛故居	1	清	桃花坞大街176号
003	003	谢家福故居	2	清	桃花坞大街264号
320		铜罗邮局旧址		1960年代	桃源镇铜罗胜利街20号
286		习贤堂朱宅		民国	体育场路10-1号
213	237	某宅		民国	体育场路5号
094	106	嘉寿堂陆宅	2	清	天官坊8、10、11号、肃封里
188	210	积善堂陆宅		民国	天库前76号
133	149	丁宅		清	通关坊5、7号
039	044	春申君庙	1	清	王洗马巷16号
038	043	汪鸣銮故居	2	清	王洗马巷26、28、30号
	045	◇蔼庆堂		清	王洗马巷7号
138	155	周瘦鹃故居	1	民国	王长河头4号
140	158	程小青故居	1	近代	望星桥北堍23号
217	241	朱子久故居	2	民国	望星桥南堍6号
282		沈惺叔宅		民国	卫道观前27号
057	066	范烟桥故居	1	清	温家岸17、18号
191	213	侯宅		民国	文衙弄6号
206	230	万宜坊谢宅	1	民国	吴殿直巷
103	116	宣州会馆	1	清	吴殿直巷8号
292		朱熙宅	3	民国	吴县新村内
152	170	红豆山庄遗址	1	清	吴衙场37-1、37-2号
037	042	织造局旧址	2	清	五爱巷10号
035	040	潘宅	2	清	五爱巷36号
211	235	同益里、同德里	1	民国	五卅路北部
042	049	潘曾玮故居	2	清	西百花巷4号
043	050	金宅		清	西百花巷18、26号
195	217	申宅	2	民国	西百花巷31号
	007	◇尚志堂吴宅	1	清	西北街58、66号
181	202	昆曲传习所旧址	1	民国	西大营门原林机厂内
018	022	庄宅		清	西海岛3号
059	068	王氏怀新义庄	1	清	西花桥巷24、25号、白塔西路39、43号
101	113	郑氏宗祠		清	西麒麟巷14号

续表

编号	标牌号	名　称	入选卷数	年代	地　址
284		省立第二农业学校旧址	3	1914年	西园路279号
123	137	沈宅		清	西支家巷14号
279		西支家巷吴宅		清、民国	西支家巷15号
122	136	洪钧祖宅	1	清	西支家巷8、10、11、13号
187	209	采芝斋、五福楼、陆稿荐旧址		民国	西中市29、31、33号
189	211	中国银行旧址	1	清	西中市德馨里14号
186	208	老大房旧址		民国	西中市吴趋坊口
158	178	赤阑相王庙	2	清	相王路
056	065	陆宅		清	祥符寺巷7、8号
289		祥符寺巷汪伪特工部旧址	3	民国	祥符寺巷24号
	064	◇轩辕宫	2	清	祥符寺巷36、38号
197	219	马宅		民国	祥符寺巷53号
119	133	艾步蟾故居	2	清	肖家巷15号
271		肖家巷桑宅	3	清、民国	肖家巷29、31号
118	132	元和县城隍庙		清	肖家巷48号
116	129	王宅		明、清	肖家巷53号
026	030	吴宅		清	谢衙前28、30、32号
219	243	顾宅	3	民国	新桥巷26号
154	172	周宅		清	新桥巷4、6号
006	006	瑞莲庵	1	清	星桥巷13、14、16、18、20、22号
104	117	张宅		清	绣线巷13号
223	247	鸿生火柴厂旧址	2	民国	胥门外
	223	◇中山堂	2	清	玄妙观后
069	078	查宅		清	悬桥巷37号
067	076	丁氏济阳义庄	2	清	悬桥巷41号
200	224	方嘉谟故居	2	民国	悬桥巷45号
065	074	潘宅		清	悬桥巷46号
066	075	潘氏松鳞义庄	2	清	悬桥巷55—60号
096	108	怡老园后楼	2	明	学士街209号
222	246	吴晓邦故居	2	民国	腌猪河头25号
109	122	潘宅	1	清	颜家巷16号
111	124	赵宅		清	颜家巷20号
110	123	庞莱臣故居	3	清	颜家巷26、28号
299		阳澄湖抗战碉堡群	3	1932年	阳澄湖镇

续表

编号	标牌号	名 称	入选卷数	年代	地 址
205	229	救世堂		民国	养育巷357号
207	231	某宅	3	民国	宜多宾巷21、22号
174	195	梨园公所	1	晚清	义慈巷16号
198	220	朱宅		民国	银房弄2、3号
072	081	韩崇故居	3	清	迎晓里4、6、8、10号、迎晓里一弄4号
053	060	长洲县城隍庙	2	清	雍熙寺弄8号
210	234	万嵩源故居	1	民国	幽兰巷11号
178	199	韩王庙		清	枣市街76号
314		尚志堂龚宅		清	震泽镇东清河20号
315		大柏桥	3	1919年重建	震泽镇花木桥村大龙浜
313		麟角坊张宅		清	震泽镇麟角坊3号
316		梅场街仰宅	3	清	震泽镇梅场街潭子河17号
050	057	石宅	1	清	中街路10、12号
290		中街路严家淦旧居	3	民国	中街路105号
293		崇真宫桥	3	清	中市路河中段
	098	◇沈宅	1	清	中张家巷3号
092	103	吴宅		清	中张家巷6号、建新里
036	041	玉器公所	1	清	周王庙弄28号
093	105	吴学谦旧居	3	清	朱马高桥下塘3号

本表收入了已公布的一至四批所有控保建筑（名称前标“◇”者为已升级的原控保建筑）。为便于读者检索，按公布建筑的地址音序排序。苏州大学出版社至今出版有《古城遗珠》《古城遗珠·续》《古城遗珠·三》三卷介绍苏州控保建筑的图书，为方便查找相应的篇什，特在建筑“名称”后标明所在卷数（表中分别称1、2、3）。未标明卷数者争取今后再撰文成书，敬请读者期待。也欢迎各位热心人士提供相关古建的信息，联系方式：szls-ht@163.com，yidoushan@163.com。

编 后

沈庆年

2011年夏，在苏州文旅集团鼎力支持下，我组织《苏州楼市》杂志特约撰稿人在原有资料的基础上经过半年多的共同努力，于当年12月出版了“苏州历史建筑文化丛书”首册《古城遗珠——苏州控保建筑探幽》。一年多后，又出版了《古城遗珠（续）》和《古村遗韵》，受到了各界广泛欢迎。这也是对我们编委和作者最大的鼓励和支持。由于控保建筑历经岁月沧桑，许多遗存转眼即逝。进一步发掘、考证难度越来越大。尽管我们一直不遗余力地努力着，但编纂工作进展维艰。

今年上半年，苏州又公布了第四批五十一处控保建筑名录，无疑给我们这些对古建情有独钟的人带来了不小的振奋。出于对控保建筑保护利用的社会责任，我们又全力以赴地投入了新一册的调研、编纂工作。好在届时《苏州楼市》编辑部和苏州大学出版社组建了“建筑文化出版中心”，在关心关注古建的圈子里新添了一批“少壮派”，他们个个都称得上古建达人。有了他们的加入，经过近一年的同心协力和务实担当，《古城遗珠3》就比较圆满地完成了。我在这里向这些参与摄影、调研、撰稿的古建保护达人志士表示由衷的感谢和敬意！

1982年至今，苏州市政府分四批公布了市区控制保护建筑，经撤销、升级、调整，目前共有三百二十处。我们在前两册《古城遗珠》中已撰写了一百五十处（含升级者二十处），这次的重点则是把政府第四批公布的控保尽量收入书中，这便是本书的缘起。剩下未撰的一百多处，虽然编纂入集的难度已极大，但随着政府和百姓对古建保护意识的不断增强，以及建筑文化志愿者圈的日益扩大，结集出版的希望正在不断增大。到那时，苏州的控保建筑便有了一套《史记》。我们这批古建“痴人”真的可以如释重负了。

要说此书的不足，除了名录公布比较突然，造成编写工作起步有点匆忙外，还由于名录中控保，资料太少，故很难科学延伸。因此，我们在确保真实、严谨的原则下，对文风篇幅和图照的安排做了一些的改版，这样与前两册《古城遗珠》《古城遗珠·续》相比，多少也应了热心读者的要求，融入了放松视觉的元素。希望看过前两册“遗珠”的读者会更喜欢这一册。

最后，我还是要情不自禁地谢谢在编书过程中一直关心和支持我们的专家、老师、领导和广大读者。

我们正在努力，我们一定会做得更好。

2014年12月22日冬至夜